El clima está en nuestras manos

# El clima está en nuestras manos

## *Historia del calentamiento global*

Tim Flannery

Traducción de Damián Alou

**taurusminor**

Título original: *We Are the Weather Makers. The Story of Global Warming*
D.R. © Tim Flannery, 2006
D.R. © De la traducción: Damián Alou


D.R. © De la edición española:
Santillana Ediciones Generales, S. L., 2007
Torrelaguna, 60. 28043 Madrid
Teléfono (91) 744 90 60
Telefax (91) 744 92 24
www.taurus.santillana.es

D.R. © De esta edición:
2007, Santillana Ediciones Generales, S. A. de C. V.
Av. Universidad 767, Col. del Valle
México, 03100, D. F.
Teléfono 5420 7530
www.editorialtaurus.com.mx

Adaptación de la traducción a Minor: Naomi Ruiz de la Prada

D.R. © Diseño de cubierta: Carrió / Sánchez / Lacasta

D.R. © Fotografía de cubierta: Getty Images


ISBN: 978-970-58-0259-1
Primera edición en México: enero de 2008

*A David y Emma, Tim y Nick, Noriko y Naomi, Puffin y Galen, Will, Alice, Julia y Anna, y naturalmente a Kris, con amor y esperanza; y a toda su generación, que tendrá que vivir con las consecuencias de nuestras decisiones.*

# ÍNDICE

# Prefacio

Durante los cinco años en que he trabajado con Tim Flannery, otros miembros del Wentworth Group of Concerned Scientists (Grupo Wentworth de Científicos Comprometidos) y el World Wildlife Fund (Fondo Mundial para la Naturaleza), Australia ha llevado a cabo reformas sin precedentes en términos de conservación del agua y de la tierra.

La ciencia nos dice hoy que, a menos que nos enfrentemos al cambio climático, estas reformas fracasarán.

Creo que Tim Flannery es la persona que más eficazmente puede divulgar este asunto tan complejo, de una forma sencilla e inteligible. *El clima está en nuestras manos* es una exposición concisa para gente que quiera ponerse al corriente de lo que significa el cambio climático para sí misma, para su familia y para el planeta que compartimos.

Sin duda alguna, Tim ha tenido un impacto espectacular sobre la opinión pública con respecto al cambio climático.

Cuando leí su primer libro sobre el tema, *La amenaza del cambio climático. Historia y futuro*, supe lo importante que era comunicar el mensaje del cambio climático con rapidez y claridad, antes de que fuera demasiado tarde.

Como nos explica Tim, tenemos la tecnología necesaria para evolucionar hacia una economía libre de carbono. *El clima está en nuestras manos* nos guía a través de la ciencia y nos indica los pasos que debemos dar para evitar un desastre ecológico.

Todavía estamos a tiempo, pero no hay ni un minuto que perder.

ROBERT PURVES, presidente de World Wildlife Fund de Australia, miembro de la junta directiva de World Wildlife Fund International.

La consideración que ha tenido nuestra maravillosa atmósfera por la vida humana, y por la vida en general, es lo que me lleva hoy a lanzar este grito en nombre de nuestros hijos y de una humanidad ultrajada. Dale prioridad absoluta a esto. No votes por nadie que diga «Esto no puede hacerse». Vota sólo por quienes declaren «Esto se hará».

ALFRED RUSSEL WALLACE
*Man's Place in the Universe*
*(El lugar del hombre en el universo)*, 1903.

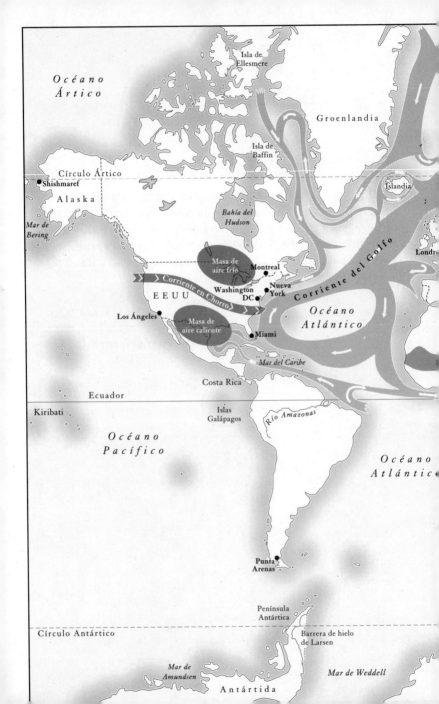

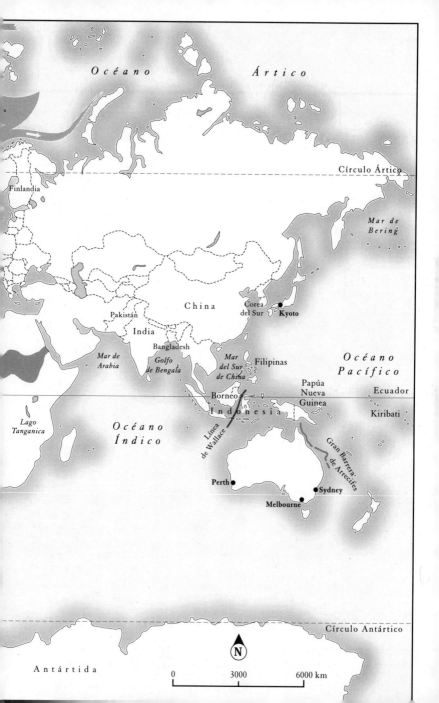

# Introducción
## ¿Qué es el cambio climático?

Quien tenga este libro entre las manos puede hacerse preguntas respecto a su título [en inglés, *We Are the Weather Makers*]. Decir que somos los creadores del clima es una afirmación muy seria. Si hace una década alguien me hubiera dicho que nuestro planeta corría un peligro inminente, no le habría prestado demasiada atención. La historia de este libro relata cuanto he aprendido desde entonces, y cómo he llegado a cambiar de opinión.

Durante la última década, la climatología ha experimentado una revolución; ahora entendemos considerablemente mejor el sistema climático de la Tierra y cómo está cambiando. El clima siempre ha cambiado, por supuesto, pero el ritmo al que lo hace en estos momentos es antinatural, y nosotros somos los causantes de ello. Por desgracia, la mayoría de estos cambios son perjudiciales para nuestro mundo.

He escrito este libro con la esperanza de que la gente siga teniendo la oportunidad, como yo la tuve, de subirse a un glaciar en la cima de una montaña tropical, mirar hacia abajo y ver densas junglas, llanuras y manglares, e incluso divisar a lo lejos arrecifes tropicales.

Todos deberíamos disfrutar del derecho fundamental de experimentar nuestro maravilloso planeta al máximo, tener la oportunidad de ver osos polares, ballenas gigantes y glaciares del Antártico en vivo. Creo que es un profundo error privar a generaciones futuras de todo ello sólo para que podamos seguir malgastando electricidad y conduciendo coches descomunales.

Y con esto quiero conferirle el poder a los lectores: los líderes del mundo de la política y de los negocios necesitan oír nuestras voces. Espero que este libro nos ayude a actuar con firmeza, porque si seguimos dejándolos hacer las cosas como hasta ahora, formaremos parte de su fracaso.

En 1981, cuando yo era un veinteañero, escalé el monte Albert Edward, uno de los picos más altos de la isla tropical de Nueva Guinea.

Campos de helechos en los montes Star en Nueva Guinea central. Observé cómo desaparecía este hábitat bajo un bosque invasor, resultado del calentamiento global.

Los campos de color bronce de la cima formaban un contraste con el verde de la selva que los rodeaba, y entre las matas de hierba alpina crecían bosquecillos de helechos arborescentes, cuyas frondas de encaje se entretejían sobre mi cabeza.

Pendiente abajo, las praderas acababan repentinamente en un bosque de árboles musgosos y raquíticos. No había más que dar un paso para pasar de la luz del Sol a la penumbra, donde los arbolillos finos como lápices del borde estaban cubiertos de musgo, líquenes y finísimos helechos.

Entre el montón de hojas que había en el suelo del bosque me sorprendió encontrar troncos de helechos arborescentes muertos. Éstos crecen sólo en los pastizales, así que estaba claro que la selva estaba trepando hacia la cumbre de la montaña. Comprendí que había engullido al menos treinta metros de pastizal en menos tiempo del que tarda un helecho arborescente en pudrirse en el suelo húmedo de un bosque: una década o dos como mucho.

¿Por qué se expandía la selva? Recordé haber leído que los glaciares de Nueva Guinea se estaban derritiendo. ¿Acaso la temperatura del monte Albert Edward se había calentado lo bastante como para permitir que crecieran árboles donde antes sólo podían arraigar hierbas? ¿Era ésta una prueba del cambio climático?

Soy paleontólogo, estudio fósiles y periodos geológicos, de modo que sé lo importantes que han sido los cambios climatológicos para determinar el destino de las especies. Pero ésa era la primera prueba que veía de que aquello podía afectar a la Tierra durante mis años de vida. Sabía que algo iba mal, pero no sabía exactamente qué.

A pesar de que me encontraba en una posición propicia para comprender la importancia de estas observaciones, pronto me olvidé de ellas. Asuntos que me parecían más importantes y más urgentes reclamaban mi atención. Se estaban talando los bosques tropicales lluviosos —también conocidos como pluviselvas— para obtener madera y convertirlos en tierra agrícola, y las principales especies que allí vivían se estaban cazando hasta su extinción. En mi propio país, Australia, la creciente salinización amenazaba con destruir las tierras más fértiles. El exceso de pastoreo, la contaminación del agua y la conversión en madera de los bosques amenazaban valiosísimos ecosistemas y su biodiversidad —la amplia gama y variedad de formas de vida que existen en nuestro entorno—.

**Así pues, ¿es el cambio climático una terrible amenaza o algo de lo que no hay que preocuparse? ¿O es acaso algo intermedio, un asunto al que tendremos que enfrentarnos pronto, pero todavía no?**

Ni siquiera los científicos se ponen de acuerdo a la hora de investigar el cambio climático. Estamos entrenados para ser unos escépticos, para poner en tela de juicio nuestro propio trabajo y el de los demás. Una teoría científica sólo es válida mientras no haya sido rebatida. Para mucha gente, es difícil pensar con serenidad en el cambio climático, pues está ocasionado por infinidad de cosas que damos por sentadas respecto a la forma en que vivimos.

Algunas cosas relacionadas con el cambio climático sí se consideran ciertas, entre ellas que éste es el resultado de una contaminación del aire muy particular. Conocemos el tamaño exacto de nuestra atmósfera y el volumen de agentes contaminantes que en ella se vierten. La historia que quiero contar aquí trata del impacto de algunos de esos agentes contaminantes —conocidos como gases invernadero— sobre toda la vida en la Tierra.

Durante los últimos 10,000 años, el termostato de la superficie de la Tierra —el mecanismo de control del clima— ha estado estacionado a una temperatura media de unos 14°C. En general, a los seres humanos esto les ha venido estupendamente, y hemos sido capaces de organizarnos de una manera realmente impresionante: sembrando cultivos, domesticando animales y construyendo ciudades.

Finalmente, en el siglo pasado, hemos creado una civilización verdaderamente global. Dado que en toda la historia de la Tierra las únicas otras criaturas capaces de organizarse de manera parecida son las hormigas, las abejas y las termitas —todos ellos seres diminutos en comparación con nosotros, con muy escasas necesidades de recursos—, resulta todo un logro.

El termostato de la Tierra es un mecanismo complejo y delicado, en cuyo centro reside el dióxido de carbono ($CO_2$), un gas inodoro e incoloro formado por un átomo de carbono y dos átomos de oxígeno.

El $CO_2$ desempeña un papel crucial en mantener el equilibrio necesario para todo tipo de vida. También es un producto residual de los combustibles fósiles —carbón, petróleo y gas— que casi todas las personas del planeta utilizan para la calefacción, el transporte y sus demás necesidades energéticas. En planetas muertos como Venus y Marte, casi toda la atmósfera está compuesta de $CO_2$, y lo mismo pasaría aquí si los seres vivos y los procesos de la Tierra no lo mantuvieran dentro de ciertos límites. Las rocas, la tierra y el agua de nuestro planeta están abarrotadas de átomos de carbono ávidos de ser transportados por el aire y combinarse con oxígeno. El carbono está en todas partes.

Así pues, durante los últimos 10,000 años, la atmósfera de la Tierra ha estado compuesta de 300 partes de $CO_2$ por millón. Se trata de una cantidad modesta, aunque ejerce una gran influencia sobre la temperatura del planeta. Creamos $CO_2$ cada vez que quemamos combustibles fósiles para conducir un coche, preparar la comida o encender una luz, y el gas producido se mantiene en la atmósfera alrededor de un siglo. Así que la proporción de $CO_2$ presente en el aire que respiramos aumenta rápidamente, y esto está provocando el calentamiento del planeta.

A finales del año 2004 estaba realmente preocupado. Las principales publicaciones científicas del mundo estaban llenas de informes según los cuales los glaciares se derretían diez veces más deprisa de lo previsto anteriormente, los gases invernadero de la atmósfera habían alcanzado niveles nunca vistos en millones de años, y algunas especies se extinguían como resultado del cambio climático. También se informaba de fenómenos meteorológicos extremos, prolongadas sequías y subidas del nivel de los mares.

No podemos esperar que alguien resuelva en nuestro lugar el problema de las emisiones de carbono. Todos podemos marcar la diferencia y ayudar a combatir el

El *matanim cuscus (Phalanger matanim)*. El marido de esta mujer atrapó a esta extraña criatura en la selva de Nueva Guinea en 1985. Probablemente esté ya extinguida como resultado del cambio climático.

cambio climático sin cambiar prácticamente nada en nuestro estilo de vida. Y en esto, el cambio climático es muy distinto de otros retos medioambientales como la pérdida de biodiversidad o el agujero de la capa de ozono.

**Los datos científicos más optimistas indican que para el año 2050 deberíamos haber reducido las emisiones de $CO_2$ en un 70 por ciento.**

¿Cómo podemos hacerlo?

Si tu familia conduce un cuatro por cuatro y lo sustituye por un coche de combustible híbrido, que combina un motor eléctrico con uno de gasolina, puede recortar instantáneamente sus emisiones de transporte en un 70 por ciento.

Si la empresa que te suministra electricidad te ofrece una opción verde, por el costo de un helado diario serás capaz de hacer recortes igual de importantes en tus emisiones domésticas. Basta con solicitar que te suministren electricidad proveniente de energías renovables como la solar, la eólica o la hidráulica.

Y si animas a tu familia y amigos a votar por un político profundamente comprometido con la reducción de emisiones de $CO_2$, podrías cambiar el mundo.

Disponemos de la tecnología necesaria para cambiar hacia una economía libre de carbono. Sólo necesitamos aplicar nuestros conocimientos y ampliar nuestras miras. Lo único que nos detiene es el pesimismo y la confusión generados por gente que quiere seguir contaminando para así poder hacer dinero.

Nuestro futuro depende de lectores como tú. Cada vez que mi familia se reúne para un acontecimiento especial, la verdadera escala del cambio climático nunca está lejos de mi mente. Mi madre, que nació cuando los vehículos de motor y la luz eléctrica todavía eran una novedad, está radiante de felicidad en compañía de sus nietos, algunos de los cuales aún no tienen diez años.

Juntos forman una cadena de amor que abarca 150 años, pues esos nietos no alcanzarán la edad actual de mi madre hasta muy avanzado este siglo. Para mí, para ella y para sus padres, su bienestar es tan importante como el nuestro.

**El cambio climático afecta a casi todas las familias de este planeta. El 70 por ciento de la gente que está viva hoy seguirá viva en el 2050.**

# Primera parte:

# La atmósfera

# 1. Todo está conectado

Hasta que el mal humor se apodera de ella y descarga su furia sobre nuestras cabezas, ninguno de nosotros le presta demasiada atención a la atmósfera.

La «atmósfera»: qué palabra tan sosa para algo tan increíble. En 1903, a Alfred Russel Wallace, cofundador con Charles Darwin de la teoría de la evolución mediante la selección natural, se le ocurrió la expresión «El Gran Océano Aéreo» para describir la atmósfera. Resulta mucho más apropiado, pues evoca en nuestra imaginación las corrientes y las capas que forman el tiempo meteorológico que experimentamos cada día, aquello que se interpone entre nosotros y la inmensidad del espacio.

Wallace vivió durante una era romántica de la ciencia. Por aquel entonces descubrimientos sobre la atmósfera resultaban tan excitantes como desenterrar monstruos de las profundidades o ver fotos enviadas desde Marte. A Wallace le parecía increíble pensar que sin el polvo, las puestas de Sol serían tan aburridas como el agua de fregar y las sombras tan impenetrables para nuestros ojos como el hormigón.

La atmósfera es asombrosa. Protege toda forma de vida, conecta todas las cosas entre sí y lleva 4,000 millones de años regulando la temperatura de nuestro planeta.

Con el paso del tiempo, la Tierra ha mejorado su capacidad de regular su temperatura. A lo largo de casi la mitad de su existencia —desde hace 4,000 millones de años hasta hace 2,200 millones—, la atmósfera de la Tierra habría sido letal para criaturas como nosotros. En aquella época toda la vida era microscópica —algas y bacterias—, y su resistencia en nuestro planeta era endeble.

Hace más o menos 600 millones de años, los niveles de oxígeno habían aumentado lo suficiente como para permitir la supervivencia de criaturas más grandes —aquellas cuyos fósiles pueden verse a simple vista—. Esos primeros organismos vivieron durante un periodo de cambios climáticos trascendentales, en el que cuatro intensas glaciaciones afectaron a nuestro planeta. Por ejemplo, hace 600 millones de años la Tierra se heló hasta el mismísimo Ecuador. Tan sólo quedaron algunos seres vivos refugiados bajo el hielo ecuatorial.

La congelación extrema de la Tierra ocurrió con la ayuda de un poderoso mecanismo conocido como el albedo de la Tierra. «Albedo» significa «blancura» en latín; y claro, el planeta Tierra es mucho más blanco cuando está cubierto de nieve que cuando no lo está. ¿Por qué es esto importante? Un tercio de toda la energía que llega a la Tierra desde el Sol es devuelta al espacio al reflejarse en las superficies blancas. La nieve recién caída refleja el 80-90 por ciento de la luz, mientras que el agua sólo refleja el 5-10 por ciento.

En cuanto cierta proporción de la superficie del planeta está cubierta de hielo y nieve, se pierde la suficiente luz solar como para que se cree un desmesurado efecto de enfriamiento capaz de congelar todo el planeta.

Ese umbral se cruza cuando las capas de hielo alcanzan los 30° de latitud —zonas tan meridionales como Shanghai o Nueva Orleans—.

Aquella gran helada duró millones de años. Pero hará unos 540 millones de años, los seres vivos comenzaron a producir esqueletos de carbonato. Lo hicieron absorbiendo $CO_2$ del agua del mar. Esto afectó a los niveles de $CO_2$ de la atmósfera, y desde entonces las glaciaciones han sido escasas. Sólo se han producido dos: la primera entre 355 y 280 millones de años atrás, y la otra durante los últimos 33 millones de años.

Otros cambios acontecieron causando un profundo impacto sobre el termostato de la Tierra. Fue durante el periodo Carbonífero, cuando los primeros bosques cubrieron la tierra y se formaron los depósitos de carbón que ahora alimentan nuestra industria. Todo el carbono que había en ese carbón formó parte alguna vez del $CO_2$ que flotaba en la atmósfera, de modo que esos bosques primitivos sin duda tuvieron una enorme influencia sobre el ciclo del carbono.

Otras criaturas han influido más recientemente sobre el ciclo del carbono. La extensión de los modernos arrecifes de coral, hace unos 55 millones de años, extrajo inimaginables volúmenes de $CO_2$ de la atmósfera, alterando aún más el clima, puede que enfriándolo.

La evolución y extensión de las hierbas, entre 6 y 8 millones de años atrás, probablemente cambiara las cosas de nuevo. Las hierbas contienen mucho menos carbono que los bosques. Asimismo, absorben menos luz solar —pues tienen un albedo distinto—, y producen menos vapor de agua, lo cual afecta a la formación de las nubes.

Otro factor de gran influencia fueron los elefantes, grandes destructores de bosques. Al igual que los humanos, su tierra de origen fue África, y a medida que se extendieron por todo el planeta —sólo Australia escapó a su colonización—, hace unos 20 millones de años, debieron de afectar también al ciclo del carbono. No se sabe exactamente qué impacto tuvieron estos cambios en el clima, pero parece evidente que las actividades de estos animales y plantas debieron de alterar sutilmente la atmósfera.

**En lo referente al clima, todo está conectado entre sí. Para comprender lo que pasará en el futuro, necesitamos saber tanto como sea posible sobre nuestra atmósfera y su funcionamiento en el pasado.**

# 2. El gran océano aéreo

Todos hemos escuchado alguna vez los términos «gases invernadero», «calentamiento global» y «cambio climático».

Los gases invernadero retienen el calor cerca de la superficie terrestre. A medida que aumentan en la atmósfera, el calor adicional que retienen conduce al calentamiento global. Este calentamiento, a su vez, influye en el sistema climático de la Tierra, y puede llevar al cambio climático.

**Hay una diferencia entre el tiempo meteorológico y el clima. El tiempo es lo que experimentamos cada día. El clima es la suma de todos los tiempos meteorológicos a lo largo de un cierto periodo, para una región o para todo el planeta.**

La atmósfera tiene cuatro capas distintas, que se definen a partir de su temperatura y la dirección de su gradiente de temperatura.

La parte inferior de la atmósfera se conoce como la troposfera. Su nombre significa «la región donde el aire se mueve», y se la llama así por la mezcla vertical de aire que allí se produce.

La troposfera se extiende hasta una media de doce kilómetros sobre la superficie de la Tierra y contiene el 80 por ciento de todos los gases de la atmósfera. Su tercio inferior es la única parte respirable de toda la atmósfera.

Lo más importante de la troposfera es que funciona «al revés»: está más caliente en su parte inferior y se enfría a razón de 6.5°C por kilómetro vertical recorrido. Asimismo,

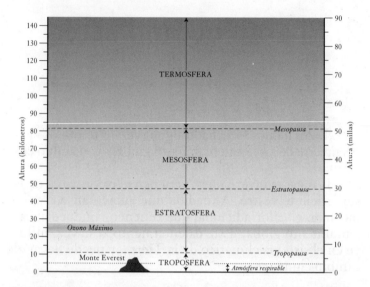

Las cuatro partes principales de la atmósfera y sus límites asociados. Sólo una pequeña parte de la troposfera es aire respirable.

es la única parte de la atmósfera cuyas mitades septentrional y meridional —divididas por el Ecuador— apenas se mezclan. Esto explica que los habitantes del hemisferio sur no tengan que respirar el aire contaminado que limita los horizontes y desluce los paisajes del Norte más poblado.

La siguiente capa de la atmósfera, conocida como estratosfera, se encuentra con la troposfera en la tropopausa. La estratosfera se calienta a medida que uno asciende por ella. Las capas de la estratosfera están claramente delimitadas y en su interior circulan vientos fortísimos.

A unos cincuenta kilómetros de la superficie de la Tierra queda la mesosfera. Es la parte más fría de toda la atmósfera (-90°C), y por encima de ella se encuentra la última capa, la termosfera, un fino chorro de gas que se extiende hasta perderse en el espacio. Allí la temperatura puede alcanzar los 1,000°C, pero como el gas está tan disperso, al tacto no se percibiría caliente.

El gran océano aéreo está compuesto de nitrógeno (78 por ciento), oxígeno (20.9 por ciento) y argón (0.9 por ciento). Estos tres gases forman casi todo el aire que respiramos —más del 99.95 por ciento—.

La capacidad de la atmósfera para retener agua ($H_2O$) depende de su temperatura: a 25°C, el vapor de agua compone el 3 por ciento de todo lo que inhalamos. Pero son los elementos menos representados, aquéllos que los científicos denominan gases «residuales» —el restante 0.05 por ciento— los que le dan sabor a la mezcla, y algunos de ellos son vitales para la vida en este planeta.

Tomemos, por ejemplo, el ozono. Sus moléculas están compuestas de tres átomos de oxígeno. El ozono representa apenas 10 moléculas entre un millón, zarandeadas en medio de las corrientes del gran océano aéreo. No obstante, sin el efecto protector de ese 0.001 por ciento, pronto nos quedaríamos ciegos, moriríamos de cáncer o sucumbiríamos a otros problemas causados por la radiación ultravioleta.

Somos tan pequeños, y el gran océano aéreo tan inmenso, que parece casi increíble que podamos hacer algo que pueda afectarlo. Sin embargo, si comparamos la Tierra a una cebolla, nuestra atmósfera no es más gruesa que su capa de piel apergaminada del exterior. Su porción respirable ni siquiera cubre completamente la superficie del planeta —motivo por el cual los alpinistas que escalan el Everest deben llevar máscaras de oxígeno—.

La atmósfera parece grande porque está compuesta de gas, pero si redujésemos ese gas al estado líquido, descubriríamos que la atmósfera apenas alcanza el 0.2 por ciento del tamaño de los océanos. Por eso los principales problemas medioambientales de la humanidad —el agujero en la capa de ozono, la lluvia ácida y el cambio climático— son resultado de la contaminación del aire.

El caso es que la atmósfera es dinámica. El aire que acabas de exhalar ya se extiende a gran distancia. El $CO_2$ procedente de una exhalación de la semana pasada puede estar ahora alimentando una planta en un continente lejano o el plancton de un mar helado.

**En cuestión de meses, el $CO_2$ que acabas de exhalar se habrá dispersado por todo el planeta.**

La atmósfera es, además, telequinética, lo que significa que los cambios pueden producirse de manera simultánea en distintas regiones. La atmósfera puede transformarse de forma instantánea de un estado climático a otro. Esto permite que las pautas que siguen las tormentas, las sequías, las riadas o los vientos se modifiquen a nivel global, y lo hagan más o menos al mismo tiempo.

Debido a que la comunicación de un lado a otro del planeta es hoy instantánea, nuestra civilización global también es telequinética, y por eso es una fuerza tan poderosa. Pero su telequinesia también explica por qué las perturbaciones regionales —tales como guerras, hambrunas y enfermedades— pueden tener funestas consecuencias en la humanidad en su conjunto.

La atmósfera bloquea la mayoría de las formas de energía radiante. Muchos de nosotros imaginamos que la luz del día es la única energía que recibimos del Sol, pero la luz solar —la luz visible— no es más que una pequeña parte del amplio espectro de radiaciones que nos lanza el Sol.

Los gases invernadero bloquean en particular las formas de energía radiante que denominamos calor. Al hacerlo, sin embargo, estos gases se vuelven inestables y tarde o temprano acaban liberando este calor, parte del cual vuelve a irradiar la Tierra. Puede que los gases invernadero sean escasos, pero su impacto es enorme. Calientan nuestro mundo y, al retener más calor cerca de la superficie del planeta, son responsables de que la troposfera funcione «al revés».

Podemos hacernos una idea del poder que tienen los gases invernadero para influir en la temperatura si examinamos otros planetas. La atmósfera de Venus se compone en un 98 por ciento de $CO_2$, y la temperatura de su superficie es de 477°C.

**Si el $CO_2$ compusiera el 1 por ciento de la atmósfera, la temperatura de la superficie de nuestro planeta alcanzaría el punto de ebullición.**

Si quieren comprender de manera visceral cómo funcionan los gases invernadero, visita Nueva York en agosto. El calor insalubre y la humedad te dejan cubierto de sudor, atrapado en un entorno abarrotado de gente donde sólo hay hormigón, alquitrán reseco y cuerpos pegajosos. Y lo peor llega por la noche, cuando la humedad y una gruesa capa de nubes bloquean el calor. Recuerdo una vez que estuve dando vueltas entre sábanas empapadas en sudor en una habitación de un barrio famoso por ser zona de camellos y yonquis. A medida que los ojos se me irritaban y se me formaba como una costra en la piel, podía oler la mugre de los ocho millones de cuerpos humanos de la ciudad.

De repente me moría de ganas de estar en el desierto, en un desierto claro y seco en el que no importa el calor que haga durante el día pues los claros cielos de la noche traen consigo un alivio bendito. La diferencia entre un desierto y Nueva York de noche es un único gas invernadero, el más poderoso de todos: el vapor de agua. Cuando recordé que el vapor de agua retiene dos tercios del calor total atrapado por todos los gases invernadero, maldije las nubes que había sobre mi cabeza.

Pero las nubes también tienen algo que las salva. Contrariamente a los demás gases invernadero, el vapor de agua en forma de nubes bloquea parte de la radiación del Sol durante el día, manteniendo las temperaturas moderadas.

Así que ¿cómo interactúan el $CO_2$ y el vapor de agua? A medida que se incrementa la concentración de $CO_2$, la atmósfera se calienta ligeramente, lo cual le permite retener aún más vapor de agua. Esto, a su vez, magnifica

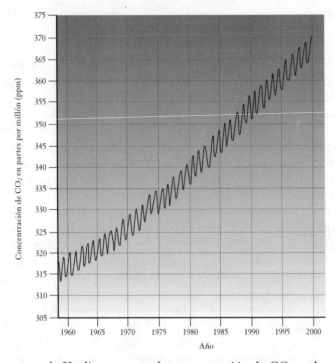

La curva de Keeling muestra la concentración de $CO_2$ en la atmósfera medida en lo alto del monte Mauna Loa, Hawai, entre 1958 y 2000. El efecto sierra es resultado de los cambios estacionales en los bosques del hemisferio norte, pero el inexorable ascenso se debe a la quema de combustibles fósiles.

el calentamiento original. Podemos imaginar que el $CO_2$ es como una palanca que hace cambiar nuestro clima —o la cerilla que enciende la tormenta de fuego del cambio climático—.

El $CO_2$ se produce cada vez que quemamos algo o cuando algo se descompone. Pero ¿cómo se mide? En la década de 1950, un climatólogo llamado Charles Keeling escaló el monte Mauna Loa de Hawai para registrar las concentraciones de $CO_2$ de la atmósfera. A partir de estos datos elaboró una gráfica, conocida como la curva de

Keeling, que es una de las cosas más maravillosas que he visto. En ella se puede ver cómo respira nuestro planeta.

Cada primavera del hemisferio norte, a medida que la vegetación extrae $CO_2$ de la atmósfera, nuestra Tierra inicia una gran inhalación, que queda registrada en la gráfica de Keeling como una caída en la concentración de $CO_2$. Luego, durante el otoño de este mismo hemisferio, a medida que la descomposición genera $CO_2$, se produce una exhalación que enriquece el aire de este gas.

Pero el trabajo de Keeling reveló otra tendencia. Descubrió que al final de cada exhalación había un poco más de $CO_2$ en la atmósfera que al principio. Este inocente incremento de la curva de Keeling fue el primer signo definitivo de que quizás tengamos que pagar un precio por nuestra civilización adicta a los combustibles fósiles.

Probemos a proyectar la trayectoria de la gráfica a lo largo del siglo XXI. A menos que cambiemos la forma en que hacemos las cosas, la concentración de $CO_2$ en la atmósfera podría duplicarse —pasando de representar 300 partes a 600 partes por millón—.

**Este incremento tiene el potencial de calentar nuestro planeta alrededor de 3ºC, y quizá incluso hasta 6ºC.**

# 3. Los gases invernadero

Cuando los científicos se dieron cuenta por primera vez de que los niveles de $CO_2$ de la atmósfera estaban relacionados con el cambio climático, algunos se quedaron perplejos. Había tan poco $CO_2$ en la atmósfera, ¿cómo era posible que pudiera cambiar el clima de todo el planeta? Hasta que descubrieron que el $CO_2$ actúa de catalizador de ese poderoso gas invernadero que es el vapor de agua.

Además, el dióxido de carbono perdura mucho tiempo en la atmósfera: alrededor del 56 por ciento de todo el $CO_2$ que los humanos han liberado al quemar combustible fósil durante este último siglo sigue flotando en el aire, y es la causa —directa e indirecta— de aproximadamente el 80 por ciento del calentamiento global.

El hecho de que una proporción conocida de $CO_2$ permanezca en la atmósfera nos permite calcular, en números redondos, un presupuesto de carbono para la humanidad. Podemos hacer esto usando como medida la gigatonelada —una gigatonelada equivale a 1,000 millones de toneladas—. El presupuesto de carbono nos indica qué cantidad adicional de carbono podemos verter en la atmósfera antes de desencadenar cambios peligrosos —es un hecho reconocido que éstos se producirán cuando se alcancen las 450-550 partes por millón de $CO_2$—.

Antes de 1800 —el comienzo de la Revolución Industrial— había 280 partes por millón de $CO_2$ en la atmósfera, lo que equivale a 586 gigatoneladas de carbono. (Para facilitar las comparaciones, estas cifras sólo se refieren al carbono de la molécula de $CO_2$. El peso real del $CO_2$ sería 3.7 veces mayor.)

Hoy en día las cifras indican que el total de $CO_2$ en la atmósfera asciende a 380 partes por millón o el equivalente de 790 gigatoneladas.

Si deseáramos estabilizar las emisiones de $CO_2$ por debajo del umbral de un cambio peligroso, tendríamos que limitar las futuras emisiones humanas a unas 600 gigatoneladas. Un poco más de la mitad de éstas se quedarían en la atmósfera, incrementando los niveles de $CO_2$ a unas 1,100 gigatoneladas, o 550 partes por millón, en torno al año 2100.

Éste sería un presupuesto muy difícil de acatar para la humanidad. A lo largo de un siglo, equivale a 6 gigatoneladas por año. Si comparamos esto con la media de 13.3 gigatoneladas de $CO_2$ que se acumuló cada año durante la década de 1990 —la mitad procedente de la quema de combustible fósil—, y si tenemos en cuenta que se prevé que la actual población humana de 6,000 millones de personas ascienda a 9,000 millones para el año 2050, el problema es evidente.

Incluso considerando las cosas a largo plazo, este incremento de $CO_2$ es excepcional. Su concentración en la atmósfera en tiempos pasados se puede medir a partir de burbujas de aire conservadas en hielo. Taladrando a más de 3 kilómetros de profundidad en el casquete polar antártico, los científicos han extraído un núcleo de hielo que abarca casi un millón de años de la historia de la Tierra.

Me di cuenta del poder del registro de núcleos de hielo de contarnos cómo eran el clima y la atmósfera en tiempos pasados cuando visité el depósito de núcleos de hielo de la Universidad de Copenhague en Dinamarca. Acababa de llegar del verano australiano y el depósito estaba a -26°C. El danés que me servía de guía, habituado al frío, no parecía darse cuenta de lo impresionado que estaba. Sin embargo, mi preocupación por mi nariz congelada pasó a un segundo plano cuando mi guía sujetó ante mí un pedazo de hielo con forma de cilindro de aproximadamente un metro de largo y me señaló una capa de hielo en su interior de unos cinco centímetros de grosor. Me dijo que aquel hielo había caído en forma de nieve sobre el centro de Groenlandia en el año en que nació Jesús, y que los pequeños puntos que se veían en su interior eran burbujas de aire atrapadas en el hielo. Gracias a esas burbujas, los científicos habían podido deducir los niveles de $CO_2$ y de otros gases atmosféricos de aquel año, revelando bastante sobre el estado del clima de la época. Según mi guía, la atmósfera se mezcla con tanta rapidez que cabía la posibilidad de que aquellas burbujas contuvieran alguna que otra molécula exhalada por la Sagrada Familia durante aquel primer año.

Este registro único demuestra que durante las épocas frías los niveles de $CO_2$ cayeron en torno a 160 partes por millón, y que hasta hace poco jamás habían superado las 280 partes por millón. La Revolución Industrial, con sus motores de vapor y sus fábricas humeantes, cambió todo eso. En 1958, cuando Keeling comenzó sus mediciones de $CO_2$ en lo alto del Mauna Loa, el nivel indicaba 315 partes por millón.

Nuestros siervos —los miles de millones de máquinas que hemos construido y que funcionan a partir de combustibles fósiles como el carbón, la gasolina y otros derivados del petróleo, y el gas— juegan un papel fundamental en la fabricación de $CO_2$. Lo más peligroso de todo son las centrales eléctricas que utilizan carbón para generar electricidad. El carbón negro (antracita) está compuesto de al menos un 92 por ciento de carbono, mientras que el lignito seco contiene alrededor de un 70 por ciento de carbono y un 5 por ciento de hidrógeno.

Algunas centrales eléctricas queman más de 500 toneladas de carbón a la hora. Su rendimiento es tan bajo que alrededor de dos tercios de la energía creada se pierde. ¿Y cuál es el objetivo de su funcionamiento? Simplemente hacer hervir agua para generar vapor y mover así las colosales turbinas que crean la electricidad que lleva energía a nuestras casas y fábricas.

**La mayoría de nosotros no tiene ni idea de que la tecnología del siglo XIX es lo que hace funcionar los artilugios del siglo XXI.**

Existen otros treinta gases invernadero en la atmósfera. Pensemos en ellos como ventanas de cristal en un techo, donde cada gas representa una ventana distinta. A medida que el número de ventanas aumenta, entra más luz en la habitación, donde queda retenida en forma de calor.

Después del $CO_2$, el metano es el gas invernadero más importante. El metano lo crean microbios que prosperan en entornos carentes de oxígeno, como los depósitos de agua estancada o los intestinos, y por eso abunda tanto en los pantanos, en los pedos y en los eructos. Aunque sólo constituye 1.5 partes por millón de la atmósfera, su concentración se ha duplicado a lo largo del último siglo.

El metano es sesenta veces más poderoso que el $CO_2$ a la hora de retener el calor, pero por suerte perdura menos años en la atmósfera. Se estima que el metano provocará del 15 al 17 por ciento del calentamiento global del presente siglo.

El óxido nitroso (gas de la risa) es 270 veces más eficiente en atrapar el calor que el $CO_2$. Es mucho más escaso que el metano, pero perdura 150 años en la atmósfera. Alrededor de un tercio de nuestras emisiones globales de este gas proceden de la quema de combustibles fósiles. El resto proviene de la combustión de la biomasa —plantas y residuos animales— y del uso de fertilizantes que contienen nitrógeno. Aunque existen fuentes naturales de emisión de óxido nitroso, el volumen de las emisiones humanas es considerablemente superior. Hoy en día hay un 20 por ciento más de óxido nitroso en la atmósfera del que había al inicio de la Revolución Industrial.

Los gases invernadero menos comunes son sustancias químicas de la familia de los hidrofluorocarbonos

(HFC) y los clorofluorocarbonos (CFC). Estos productos, resultado del ingenio del ser humano, no existían antes de que los químicos industriales comenzaran a fabricarlos. Algunos de ellos, como el diclorotrifloruroetano —un verdadero trabalenguas—, que antaño se utilizaba en la refrigeración, son 10,000 veces más poderosos a la hora de retener la energía calorífica que el $CO_2$, y pueden perdurar muchos siglos en la atmósfera. Luego volveremos a encontrarnos con este tipo de sustancias químicas, cuando hablemos del agujero de la capa de ozono.

Por el momento, debido a su primordial importancia en el cambio climático, necesitamos saber más acerca del carbono del $CO_2$. Tanto los diamantes como el hollín son formas puras de carbono; la única diferencia es la disposición de los átomos. En la superficie de la Tierra el carbono está en todas partes. Entra y sale de nuestro cuerpo constantemente, como también pasa de las rocas al mar o al suelo, desde donde vuelve a la atmósfera, y vuelve a comenzar el ciclo.

De no ser por las plantas y las algas, pronto nos ahogaríamos en $CO_2$ y nos quedaríamos sin oxígeno. Mediante la fotosíntesis —el proceso mediante el cual las plantas crean azúcares utilizando la luz del Sol y el agua—, las plantas recogen el $CO_2$ que desechamos y lo utilizan para producir su propia energía, generando en dicho proceso su propio desecho en forma de flujo de oxígeno. Es un ciclo limpio y autosuficiente que constituye la base de la vida en la Tierra.

El volumen de carbono que circula por nuestro planeta es impresionante. Alrededor de un billón de toneladas de carbono están intrínsecamente ligadas a los seres vivos, mientras que la cantidad que hay enterrada bajo tierra es muchísimo mayor. Y por cada molécula de $CO_2$ de la atmósfera, hay cincuenta en los océanos.

**Los lugares a los que se dirige el carbono cuando abandona la atmósfera se conocen como sumide-**

**ros de carbono. Tú, yo y todos los seres vivos somos sumideros de carbono, al igual que los océanos y algunas de las rocas que hay bajo nuestros pies.**

Durante millones de años, gran parte del $CO_2$ se ha almacenado en la corteza terrestre. El proceso de almacenaje ocurre a medida que las plantas muertas quedan enterradas bajo el suelo, donde se convierten en combustibles fósiles. En una escala temporal más corta, se puede almacenar mucho carbono en el suelo, donde forma el mantillo negro tan apreciado por los jardineros.

Incluso la erupción de los volcanes —que contiene mucho $CO_2$— puede desbaratar el clima. Y los meteoritos que colisionan con la Tierra también pueden interrumpir el ciclo del carbono, pues perturban los océanos, la atmósfera y la corteza terrestre.

Los científicos saben adónde va el $CO_2$. Lo saben porque el gas derivado de los combustibles fósiles posee una firma química única que deja rastro mientras circula por el planeta. En números redondos, cada año los océanos absorben 2 gigatoneladas de $CO_2$ y la vida en la tierra absorbe otra gigatonelada y media.

La aportación que hace la tierra es consecuencia, en parte, de un accidente de la historia: la conquista del Oeste en Estados Unidos. Las plantas, árboles y bosques maduros no consumen mucho $CO_2$, pues están en equilibrio; liberan $CO_2$ a medida que la vegetación vieja se pudre, y lo vuelven a absorber cuando la nueva crece. Los mayores bosques del mundo —los bosques de coníferas de Siberia y Canadá— y las pluviselvas no absorben tanto carbono como los bosques jóvenes.

Durante el siglo XIX y principios del XX, los pioneros de Estados Unidos talaron y quemaron los grandes bosques del Este, e incendiaron y utilizaron para pastoreo las planicies y desiertos del Oeste. Luego hubo un cambio en el uso de la tierra que permitió que la vegetación volviera a crecer. El resultado es que casi todos los bosques de Estados Unidos tienen menos de sesenta años de antigüedad y están volviendo a crecer vigorosamente, absorbiendo en el proceso alrededor de 500 millones de toneladas de $CO_2$ de la atmósfera cada año. Recordemos que los árboles están hechos de aire, y no de la tierra de la que brotan: su madera, sus hojas y su corteza fueron, poco antes, $CO_2$ en la atmósfera.

Puede que los bosques recién plantados de China y Europa consuman la misma cantidad. Durante unas décadas cruciales, estos bosques jóvenes han contribuido a enfriar el planeta absorbiendo el exceso de $CO_2$.

Pero a medida que los bosques y matorrales del hemisferio norte se recuperan de los destrozos a que los sometieron los pioneros, extraen cada vez menos $CO_2$ —justo cuanto los humanos están vertiendo más $CO_2$ a la atmósfera—.

Si pensamos a largo plazo, el principal sumidero de carbono que nos queda en el planeta son los océanos. Éstos han absorbido el 48 por ciento del total de carbono emitido por los seres humanos entre 1800 y 1994.

La capacidad de absorción de carbono de los océanos del mundo es variable. Una única cuenca oceánica, el Atlántico Norte —que comprende un 15 por ciento de la superficie del océano— contiene casi una cuarta parte del carbono emitido por los humanos desde 1800. Los mares poco profundos actúan como un riñón con el carbono, y son responsables de la eliminación del 20 por ciento de todo el dióxido de carbono emitido por los seres humanos.

A los científicos les preocupa que los cambios en la circulación de los océanos provocados por el cambio climático puedan disminuir la eficiencia de estos «riñones». Esto puede pasar de muchas maneras, una de las cuales se puede explicar tomando el ejemplo de una lata de cola: cuando la lata está caliente, el burbujeo que se produce al abrir la lata pierde intensidad, lo cual indica que el líquido ha liberado rápidamente el dióxido de carbono que provocaba las burbujas. Las bebidas frías mantienen las burbujas durante más tiempo. De igual manera, el agua de mar fría puede retener más carbono que el agua de mar templada, de modo que si el océano se calienta, pierde su capacidad de absorber el gas.

Por otra parte, el agua marina contiene carbonato. El carbonato llega a los océanos desde los ríos que han discurrido por cauces que contenían piedra caliza o rocas que contenían cal, y reacciona con el $CO_2$ absorbido por los océanos. En estos momentos existe un equilibrio entre la concentración de carbonato y el $CO_2$ absorbido. No obstante, a medida que la concentración de $CO_2$ de los océanos aumenta, el carbonato se consume.

Los océanos se están volviendo más ácidos, y cuanto más ácido es el océano, menos $CO_2$ puede absorber.

Según las predicciones, antes de que acabe el siglo, los océanos absorberán un 10 por ciento menos de $CO_2$ que en la actualidad. Mientras tanto, nosotros seguimos vertiendo cada vez más $CO_2$ en la atmósfera.

# 4. Glaciaciones y manchas solares

**¿Por qué no retiene la Tierra todo el calor que recibe del Sol? Por otra parte, ¿por qué no se escapa todo el calor de nuevo al espacio?**

Piensa en lo que pasa cuando visitas una pista de esquí, y a pesar de que el día es soleado, el aire sigue estando frío. Esto sucede porque el Sol no calienta la atmósfera —hay muy poco vapor de agua en el aire frío como para atrapar calor— y porque su energía es devuelta al espacio reflejada por la nieve. Pero en cuanto sus rayos caen sobre una superficie más oscura, como la piel o un guante de esquí, los rayos son absorbidos y se genera calor.

Cuando nuestro guante de esquí empieza a estar calientito, el calor es irradiado hacia el cielo donde es capturado por los gases invernadero de la atmósfera. Y así, la luz pasa sin problemas a través de la atmósfera cargada de gases invernadero, pero al calor le cuesta salir.

Numerosos científicos se han preguntado qué causaba que la Tierra se calentara y se enfriara. Entre los más destacados se encuentra Milutin Milankovic, que pasó casi toda su carrera ejerciendo la ingeniería civil en el imperio austrohúngaro. Nacido en 1879 en lo que ahora es Serbia, durante la Primera Guerra Mundial quedó confinado en Budapest, donde se le permitió trabajar en la biblioteca de la Academia Húngara de las Ciencias. Ya había comenzado a meditar acerca del gran enigma de su época —la causa de las glaciaciones—. Dos décadas más tarde, en 1941, mientras el mundo estaba enredado en otro conflicto global, Milutin Milankovic por fin estaba a punto de publicar su gran obra: *Canon of Insolation of the Ice-Age Problem (Canon de insolación del problema de la glaciación)*.

Milankovic identificó tres ciclos principales que determinaban la variabilidad climática de la Tierra. El más largo de estos ciclos se refiere a la órbita del planeta alrededor del Sol. Aunque parezca sorprendente, la órbita de la Tierra no describe un círculo perfecto, sino una elipse cuya forma cambia siguiendo un ciclo de 100,000 años conocida como la excentricidad de la Tierra. Cuando la órbita de la Tierra es fuertemente elíptica es cuando el planeta viaja más cerca y más lejos del Sol, lo que significa que la intensidad de los rayos del Sol que llegan a la Tierra varía considerablemente a lo largo del año.

En la actualidad, la órbita no es muy elíptica, y sólo hay un 6 por ciento de diferencia entre las radiaciones que alcanzan la Tierra en enero y en julio. Otras veces, la diferencia es del 20 o 30 por ciento. Éste es el único ciclo que cambia la cantidad total de energía solar que llega a la Tierra, de manera que su influencia es considerable.

El segundo ciclo tarda 42,000 años en completarse, y tiene que ver con la inclinación de la Tierra sobre su eje. Varía entre 21.8 y 24.4 grados, y determina dónde caerá la máxima radiación. En este momento, la inclinación de la Tierra se halla en un punto intermedio.

El tercer ciclo, que es también el más corto, se completa cada 22,000 años y afecta al balanceo de la Tierra sobre su eje. En el curso de este ciclo, el eje de la Tierra pasa de señalar la Estrella Polar a señalar Vega. Esto afecta a la intensidad de las estaciones. Cuando el norte real apunta a Vega, los inviernos pueden ser tremendamente fríos y los veranos abrasadoramente calientes.

**Así pues, ¿cuándo crean glaciaciones los ciclos de Milankovic?**

La respuesta tiene que ver con la forma en que los continentes derivan sobre la superficie de la Tierra. Cuando la deriva continental arrastra grandes superficies de tierra cerca de los polos, y esto se conjuga con que los ciclos son favorables, unos veranos suaves y unos inviernos rigurosos permiten que la nieve se acumule en las tierras polares. Al cabo de cierto tiempo, la nieve se amontona en grandes cúpulas de hielo y comienza una glaciación.

Incluso en su punto más extremo, los ciclos de Milankovic provocan una variación anual de menos del 0.1 por ciento en la cantidad total de luz solar que llega a la Tierra. Sin embargo, esa diferencia aparentemente trivial puede provocar que la temperatura de la Tierra suba o baje la friolera de 5°C.

Sigue siendo un profundo misterio cómo es posible que esto pase, pero es cierto que los gases invernadero juegan un papel en ello. De hecho, los modelos de ordenador no consiguen simular el escenario de una glaciación a menos que se reduzca el $CO_2$ atmosférico en el hemisferio sur.

Milutin Milankovic resolvió el enigma de las glaciaciones, pero pasaron décadas antes de que el mundo llegara a conocer su brillante obra. Su *Canon* fue traducido al inglés en 1969. Para entonces, sedimentos extraídos de profundos lechos oceánicos habían proporcionado a los oceanógrafos pruebas empíricas de exactamente el mismo impacto predicho por Milankovic.

Estos estudios revelaron que los ciclos de Milankovic deberían estar enfriando la Tierra. A principios de los años setenta, cuando los científicos entendieron esto, empezaron a hablar de una nueva glaciación, pero eso fue antes de que se dieran cuenta de que la contaminación humana estaba alterando el equilibrio de los gases invernadero.

**Hoy en día, la obra maestra de Milankovic se considera uno de los avances más importantes que se han hecho jamás en el estudio del clima.**

Ahora que los climatólogos comprendían los gases invernadero y conocían los ciclos de Milankovic, estaban más cerca de entender por qué el clima de la Tierra había variado con el paso del tiempo. Sin embargo, aún quedaban otros factores que considerar.

El primero era la intensidad de la radiación emitida por el Sol. Alrededor de dos tercios de los rayos del Sol que llegan a nuestro planeta son absorbidos y utilizados en la Tierra, mientras que el tercio restante es reflejado de vuelta al espacio.

Hace más de 2,000 años, los astrónomos griegos y chinos escribieron acerca de manchas oscuras en el Sol cuya forma y ubicación iba cambiando. En abril de 1612 Galileo, provisto de uno de los primeros telescopios, llevó a cabo detalladas observaciones de esas manchas solares, y demostró así que no eran satélites que pasaban por delante de la superficie del Sol, sino que se originaban en el propio astro.

En el siglo XIX se descubrió que la actividad de las manchas solares variaba a lo largo de un ciclo de once años, así como de un ciclo más prolongado que duraba siglos. Las manchas solares están ligeramente más frías que el resto de la superficie del Sol, pero lo extraño es que cuando se producen muchas a la vez, la Tierra parece calentarse. Se cree que la escasez de manchas solares es responsable de alrededor del 40 por ciento de la disminución de la temperatura experimentada durante el periodo llamado el mínimo de Maunder, entre 1645 y 1715, durante el cual las temperaturas en Europa cayeron aproximadamente 1°C.

¿En qué medida afectan las manchas solares al clima de la Tierra? Un estudio reciente de los anillos de árboles de 6,000 años de antigüedad no consiguió demostrar evidencia alguna de que la actividad de las manchas solares afectase al crecimiento de los árboles. Así pues, aunque no cabe duda de que existen las manchas solares, su impacto en los organismos vivos de la Tierra —y por consiguiente en la atmósfera— debe de ser muy leve como para ser medido.

Los científicos descubrieron recientemente que las variaciones en la radiación solar y la concentración de gases invernadero afectan al clima de la Tierra de maneras esencialmente distintas. La radiación solar calienta los niveles superiores de la estratosfera mediante los rayos ultravioleta que son absorbidos por el ozono. Los gases invernadero, en cambio, calientan la troposfera, y la calientan más en la zona inferior, donde la concentración de gases es mayor.

**En este momento la Tierra experimenta al mismo tiempo un enfriamiento estratosférico —debido al agujero en la capa de ozono— y un calentamiento troposférico —debido al incremento de los gases invernadero—. Las manchas solares no pueden ser las causantes de esto.**

La información que nos proporcionan los fósiles también puede contarnos mucho sobre el clima. Estos datos destacan cambios repentinos entre una fase climática estable y otra. Es como si nuestro planeta, al reaccionar ante los factores que influyen en el clima, sufriera una sacudida. Esta serie de cambios bruscos ha provocado en el pasado que animales y plantas se trasladen de un lado a otro de un continente.

# 5. Las puertas del tiempo

Los estudiantes de geología que tienen que memorizar las divisiones de la escala geológica temporal a menudo recurren a unos obscenos trucos mnemotécnicos como: «Can Ollie See Down Mike's Pants' Pockets? / Tom Jones Can. / Tom's Queer».* La C de *Can* representa el periodo Cámbrico, la O de *Ollie* el Ordovícico, la S de *See* el Silúrico, y así sucesivamente hasta llegar a nuestra época actual, el Cuaternario.

Tras haber memorizado esta lista exhaustiva, los estudiantes tan sólo han aprendido lo básico, pues cada división principal se subdivide en periodos que a su vez se subdividen en unidades locales. Estas subdivisiones del tiempo se llaman unidades locales porque sólo se reconocen en áreas limitadas. En América del Norte, por ejemplo, los periodos de la era Cenozoica se dividen en unidades locales conocidas como «eras de los mamíferos terrestres de América del Norte». Aunque éstas son las subdivisiones más pequeñas de la escala temporal, muchas duraron varios millones de años.

Las divisiones de la escala temporal geológica pueden distinguirse sin dificultad gracias a lo que los geólogos llaman la «renovación de la fauna»: épocas en que las especies aparecen o desaparecen de repente.

**Podemos considerar estos episodios como puertas del tiempo, momentos en que una era —y a menudo un clima— da paso a la siguiente.**

---

* Literalmente sería: «¿Puede Ollie ver dentro de los bolsillos de los pantalones de Mike? / Tom Jones puede. / Tom Jones es marica». (*N. del t.*)

Existen tres factores de cambio lo bastante poderosos como para abrir una puerta en el tiempo: el movimiento de los continentes, las colisiones cósmicas y las fuerzas que influyen en el clima como los gases invernadero. Todos actúan de manera distinta, pero impulsan la evolución utilizando los mismos mecanismos: muerte y oportunidad.

Las puertas del tiempo pueden ser de tres «tamaños»: pequeño, mediano y grande. Las más pequeñas pueden originarse cuando dos continentes chocan entre sí, o cuando se forman puentes de tierra al subir o bajar el nivel de los mares, o cuando la Tierra se calienta o se enfría. En estos casos, las puertas del tiempo se caracterizan por la llegada repentina de nuevas especies y, a menudo, por la extinción de sus competidores locales.

Las divisiones del tiempo de tamaño mediano —las que separan los periodos geológicos— suceden a una escala global. En estos casos, lo que queda grabado en las rocas es, casi siempre, el triste relato de una extinción seguida de la lenta evolución de otras formas de vida que se adaptan a las nuevas condiciones.

Ahora bien, las divisiones del tiempo más grandes son aquéllas que separan las eras. Se trata de ocasiones en las que se produce una tremenda convulsión y llega a desaparecer el 95 por ciento de las especies. Nuestro planeta ha experimentado estas extinciones masivas tan sólo en cinco ocasiones anteriores.

La última vez que afectaron a la Tierra fue hace 65 millones de años, cuando todos los seres vivos de más de 35 kilos, así como un gran número de especies más pequeñas, quedaron destruidos. Fue entonces cuando desaparecieron los dinosaurios, y la causa más ampliamente aceptada de esta extinción es que un asteroide colisionó con la Tierra.

La explosión arrojó tantos detritus a la atmósfera que el clima cambió, lo cual provocó la gran hecatombe.

El caso es que el $CO_2$ desempeñó un importante papel en este acontecimiento. Tras estudiar hojas fósiles, los

| ERA | PERIODO | ÉPOCA | SUCESO SIGNIFICATIVO | AÑOS ATRÁS |
|---|---|---|---|---|
| | | | | presente |
| Cenozoico | Cuaternario | Holoceno | El largo verano | |
| | | | | 8,000 |
| | | Pleistoceno | Glaciaciones<br>*Primeros humanos modernos* | |
| | | | | 1.8 millones |
| | Terciario | Plioceno | *Primeros ancestros humanos erguidos* | |
| | | | | 5.3 millones |
| | | Mioceno | *Declive de las pluvisilvas generalizadas* | |
| | | | | 23.8 millones |
| | | Oligoceno | *Diversas comunidades de vertebrados* | |
| | | | | 33.7 millones |
| | | Eoceno | *Separación definitiva de Australia de la Antártida* | |
| | | | | 55.5 millones |
| | | Paleoceno | Liberación de clatratos hace<br>55 millones de años | |
| | | | Extinción cretáceo-terciaria<br>hace unos 65 millones de años | 65 millones |
| Mesozoico | Cretácico | | *Primeras plantas con flores* | |
| | | | | 145 millones |
| | Jurásico | | *Primeras aves* | |
| | | | | 213 millones |
| | Triásico | | *Primeros dinosaurios* | |
| | | | Extinción pérmico-triásica<br>hace unos 251 millones de años | 248 millones |
| Paleozoico | Pérmico | | *Primeras coníferas, primeros reptiles* | |
| | | | Glaciaciones hace entre 350 y 250 millones de años | 286 millones |
| | Carbonífero | | *Primeros anfibios* | |
| | | | Extinción al final del Devónico<br>hace unos 364 millones de años | 360 millones |
| | Devónico | | *Primeros insectos* | |
| | | | | 410 millones |
| | Silúrico | | *Primeros peces* | |
| | | | Extinción silúrico-ordovícica<br>hace unos 439 millones de años | 440 millones |
| | Ordovícico | | *Invertebrados marinos* | |
| | | | | 505 millones |
| | Cámbrico | | Explosión cámbrica | |
| | | | | 544 millones |
| Proterozoico | | | Glaciaciones hace entre 800 y 600 millones de años | |
| | | | | 2,500 millones |
| Arcaico | | | *Aparece la vida* | |
| | | | | 3,800 millones |
| Hadeano | | | *La Tierra toma forma* | |
| | | | | 4,500 millones |

Escala geológica.

paleobotánicos saben que tras el impacto, el $CO_2$ de la atmósfera se incrementó enormemente, probablemente por el hecho de que el asteroide colisionó con una roca muy caliza. Esta inyección instantánea de gas invernadero debió de causar un brusco salto de temperatura. Las especies incapaces de resistir el aumento de calor —incluidos muchos reptiles— debieron de perecer.

Diez millones de años más tarde —hace 55 millones de años— se produjo otro acontecimiento global. La superficie de la Tierra se calentó bruscamente entre 5°C y 10°C. En noviembre de 2003, los científicos que perforaban a dos kilómetros por debajo del fondo marino del océano Pacífico se encontraron con una capa de lodo de 25 centímetros de espesor. Su análisis reveló una historia sorprendente.

Lo primero que observaron los investigadores fue que la capa estaba situada sobre una sección de fondo marino que había sido corroída por el ácido, una prueba contundente de que los océanos se habían vuelto ácidos. Es una tendencia que podemos observar hoy en día y que se produce cuando el $CO_2$ es absorbido en grandes cantidades por el agua del mar.

Lo que no es tan sorprendente es que la vida en las profundidades oceánicas quedó profundamente afectada. Al estudiar los fósiles, los investigadores dedujeron que se habían producido extinciones masivas en la vida marina que afectaron tanto al diminuto plancton como a los monstruos de las profundidades.

En tierra firme encontramos pruebas de bruscos cambios en las precipitaciones durante este periodo. Asimismo, se produjeron una serie de migraciones en las que la fauna y la flora de Asia se adentraron a través de puentes de tierra en América del Norte y en Europa. Los recién llegados provocaron la extinción de muchas otras criaturas.

Ahora sabemos que por aquel entonces se inyectó a la atmósfera la alucinante cantidad de entre 1,500 y 3,000 gigatoneladas de carbono. Desde una perspectiva geológica, la liberación ocurrió de manera «instantánea», lo que significa que pudo ocurrir a lo largo de décadas o quizás menos. Las concentraciones atmosféricas de $CO_2$ ascendieron de 500 partes por millón —el doble de la concentración de los últimos 10,000 años— a unas 2,000 partes por millón.

**El cambio climático de hace 55 millones de años parece haber sido provocado por un inmenso fenómeno natural de origen gaseoso equivalente a una barbacoa.**

Los científicos creen que el gas en cuestión pudo proceder de cráteres situados bajo el mar de las costas noruegas. El combustible que contribuyó al acontecimiento provenía de una de las mayores acumulaciones de hidrocarburos —sobre todo en forma de gas metano— hasta ahora conocidas.

Imaginémonos la corteza terrestre agrietándose a medida que las lenguas calientes de roca derretida se abren paso hacia el combustible. Lo más probable es que no ardiera, sino que se calentara, se expandiera y se dirigiera rápidamente hacia la superficie. Cuando llegó al fondo marino debió de producirse una formidable explosión marina, de una magnitud jamás vista antes en el mundo.

La mayor parte del metano, sin embargo, no llegó a la atmósfera, sino que se combinó con el oxígeno del agua marina dejando que sólo el $CO_2$ alcanzara la superficie. Al vaciarse las profundidades del océano de oxígeno, la vida se hizo difícil. Luego, a medida que el $CO_2$ acidificó las profundidades, un desfile de criaturas, la mayoría de las cuales jamás conoceremos, se vieron obligadas a emprender el camino de la extinción. De hecho, hay cada vez más pruebas de que muchas de las criaturas abisales que perviven hoy en día evolucionaron después de esa época. La Tierra tardó al menos 20,000 años en reabsorber todo el carbono adicional.

Debido a que la extinción de hace 55 millones de años fue causada por un rápido incremento de los gases invernadero, ésta presenta el mejor paralelo posible con nuestra situación actual. No obstante, también existen importantes diferencias.

En la actualidad, la Tierra lleva millones de años en una fase glacial, mientras que hace 55 millones de años ya estaba muy caliente y los niveles de $CO_2$ atmosférico eran el doble de los actuales. Entonces no había casquetes polares, y es de presumir que había menos especies adaptadas al frío —desde luego, nada parecido a los narvales o los osos polares—. Tampoco es probable que aquel templado mundo poseyera los maravillosos estratos de vida que encontramos hoy en las montañas y en las profundidades del mar.

**La Tierra de hoy en día tiene mucho más que perder a causa de un calentamiento rápido que el mundo de hace 55 millones de años. En aquella ocasión, el calentamiento cerró un periodo geológico, mientras que nosotros, a causa de nuestras actividades, podríamos poner punto final a toda una era.**

# 6. Nacidos en el congelador

Tal como sugiere nuestro nombre científico, *Homo sapiens*, los seres humanos somos «criaturas pensantes». Sin embargo somos también, en el gran orden del universo, unos recién llegados.

El periodo en el que nacimos se denomina el Pleistoceno, lo que significa «los tiempos más recientes». Cubre los últimos 2.4 millones de años. Los primeros miembros de nuestra especie —modernos en todos los aspectos, tanto físicos como mentales— se pasearon por la Tierra hará unos 150,000 años en África, donde los arqueólogos han encontrado huesos, herramientas y los restos de antiguos ágapes. Estas personas evolucionaron a partir de ancestros de cerebro pequeño conocidos como *Homo erectus*, que llevaban existiendo casi dos millones de años.

Quizá la fuerza impulsora que convirtió a algunos de «ellos» en «nosotros» fue la oportunidad que les ofrecieron las fértiles riberas de los lagos del Gran Valle Rift africano, o quizá la munificencia de la Corriente Agulhas que discurre por las costas del sur del continente. En estos lugares, nuevos retos y alimentos posiblemente favorecieron el uso de herramientas especializadas y le dieron una ventaja evolutiva a los seres más inteligentes.

El entorno de esos ancestros lejanos estaba dominado por un clima glacial en el que el destino de todos los seres vivos estaba determinado por los ciclos de Milankovic. Cada vez que estos ciclos ampliaban el mundo helado de los polos, vientos gélidos soplaban por todo el planeta, las temperaturas caían en picado, los lagos se encogían o se llenaban, las munificentes corrientes marinas fluían o menguaban, y tanto la vegetación como los animales emprendían migraciones a lo largo de los continentes.

La herencia genética que se formó en este mundo de hielo todavía nos acompaña. Hace unos 100,000 años, por ejemplo, se redujo enormemente la diversidad de nuestros genes, pues los humanos eran entonces tan escasos como lo son los gorilas en la actualidad. Habría sido muy fácil que desapareciéramos: 2,000 adultos fértiles era todo lo que nos separaba del eterno olvido de la extinción.

Pero luego los ciclos de Milankovic se alteraron de manera que favoreció a nuestra especie. Unos 60,000 años atrás, pequeños grupos de humanos recorrieron el Sinaí pasando a Europa y a Asia; hace unos 46,000 años ya habían alcanzado el continente australiano, y hace 13,000 años, al menguar el hielo por última vez, descubrieron las Américas.

En el planeta éramos ya millones, y florecían grupos desde Tasmania a Alaska. No obstante, durante miles de años, esas personas inteligentes, que eran como nosotros en todos los aspectos físicos y mentales, no fueron más que cazadores y recolectores. A la luz de los grandes logros conseguidos en los últimos 10,000 años, este largo periodo carente de un desarrollo cultural significativo es un enigma. ¿Tiene este enigma algo que ver con el clima? Para contestar a esta pregunta, tenemos que observar los registros climatológicos de las glaciaciones.

**Un trozo de madera cualquiera constituye una de las mejores fuentes de información acerca del clima que existe. En sus anillos de crecimiento está inscrito cómo eran las cosas cuando aquel árbol estaba vivo.**

Unos anillos muy espaciados dan testimonio de estaciones cálidas y generosas en que el Sol brillaba y la lluvia caía en el momento adecuado. Unos anillos comprimidos, que registran poco crecimiento en el árbol, nos hablan de la adversidad de inviernos largos y duros o de veranos asolados por la sequía que ponían a prueba la vida hasta el límite.

El ser vivo más antiguo de nuestro planeta es un pino erizo *(pinus longaeva)* que crece a más de 3,000 metros de altura en las Montañas Blancas de California. Tiene más de 4,700 años de antigüedad y crece en la arboleda de Matusalén, junto a muchos otros especímenes ancianos. Su localización exacta es un secreto celosamente guardado, pues es muy vulnerable a las alteraciones y lleva los últimos 2,000 años muriéndose.

Dentro de su tronco, este árbol contiene un registro detallado, año a año, de las condiciones climáticas de California. Si cotejamos el dibujo del corazón del árbol de Matusalén con la corteza de un tocón muerto que estuviera cerca, podemos adentrarnos hasta 10,000 años en las profundidades del tiempo. Ya se han obtenido registros de anillos de árboles así de antiguos en ambos hemisferios. Existe incluso la esperanza de que los grandes pinos kauri de Nueva Zelanda, cuya madera puede permanecer en los pantanos sin pudrirse durante milenios, proporcionen un registro que abarque 60,000 años de cambios climáticos.

A pesar de lo conveniente que resulta, la información climatológica que nos ofrecen los árboles es relativamente limitada. Si queremos datos verdaderamente detallados, tenemos que recurrir al hielo —aunque éste sólo nos cuenta todos sus secretos en lugares especiales—.

Uno de esos lugares es el casquete polar de Quelccaya, en las altas montañas de Perú. Allí la nevada de cada año queda separada por una franja de polvo oscuro proveniente de los desiertos que hay más abajo durante la estación seca de invierno. Si en Quelccaya caen tres metros de nieve en un verano, las nevadas de las estaciones posteriores comprimen esta nieve, reduciéndola primero a nevero y luego a hielo.

En el proceso quedan atrapadas burbujas de aire, que actúan como diminutos archivos que documentan el estado de la atmósfera. Incluso el polvo es informativo, pues nos habla de la fuerza y dirección de los vientos, así como de las condiciones bajo el casquete de hielo.

Las placas de hielo de Groenlandia y del Antártico ofrecen los núcleos más largos de la Tierra. Cuando las circunstancias son favorables, se pueden extraer datos realmente espectaculares. En junio de 2004, se extrajo un núcleo de hielo de tres kilómetros de profundidad de una región del Antártico conocida como Cúpula Concordia (o *Dome C*), a unos 500 kilómetros de la base rusa de Vostok. Perforar el hielo es mucho más peligroso de lo que se imagina, por lo que la obtención de un núcleo de hielo de semejante extensión debe considerarse como uno de los mayores triunfos de la ciencia.

En el emplazamiento de la perforación hacía un frío tremendo: -50°C al inicio de la temporada de perforación y -25°C en mitad del verano antártico. La perforadora sólo mide diez centímetros de ancho, y a medida que se abre paso hacia abajo, se va separando una fina columna de hielo que es extraída a la superficie. El primer kilómetro fue especialmente difícil, pues es un tramo que está plagado de burbujas de aire. A medida que se iba extrayendo el núcleo, éstas tendían a despresurizarse, deshaciendo el hielo en fragmentos inservibles. Pero lo peor es que las esquirlas de hielo pueden obstruir la punta del taladro, atascándolo de inmediato.

En el verano de 1998-1999, una punta de la perforadora quedó atrapada un kilómetro por debajo de la superficie, lo que obligó al equipo a abandonar el agujero sin otra opción que volver a empezar. Esta vez, a medida que taladraban los tres kilómetros hasta el fondo, se detenían cada metro o dos para sacar el valiosísimo núcleo a la superficie.

Cuando el equipo sobrepasó el punto alcanzado por la primera perforación, el entusiasmo era palpable. «Sabes que vas a conseguir algo nunca antes visto», contaba un miembro del equipo, y cada kilómetro que avanzaban se celebraba con champán calentado para la ocasión.

Cuando ya casi habían alcanzado la roca madre, surgió otro problema. El calor de las rocas que había debajo estaba derritiendo el hielo, lo cual amenazaba con atascar de nuevo la punta de la perforadora. Los últimos 100 metros se perforaron a finales de 2004, utilizando como barrena improvisada una bolsa de plástico llena de etanol —para que derritiera suavemente el hielo a su paso—.

El núcleo de Cúpula C nos permite tener una idea de cómo eran las condiciones durante los llamados máximos glaciales, épocas en que el hielo se apodera de todo. La última vez que esto ocurrió fue entre 35,000 y 20,000 años atrás.

En aquella época el nivel del mar estaba más de 100 metros por debajo del actual, lo que alteraba incluso la forma de los continentes. Los paisajes hoy densamente poblados de Europa y América del Norte yacían sepultados bajo kilómetros de hielo. Incluso las regiones que quedaban al sur de las zonas heladas, como el centro de Francia, eran desiertos subárticos sin árboles. Y la corta estación de sesenta días de crecimiento de las plantas consistía en una sucesión de vientos helados del norte y escasos periodos de calma en los que una neblina asfixiante de polvo glacial llenaba el aire.

Al final de la glaciación, los cambios eran grandes y, desde luego, avanzaban muy deprisa. Los climatólogos están especialmente interesados por los diez milenios comprendidos entre 20,000 y 10,000 años atrás —cuando comienzan a disminuir los máximos glaciales—, pues a lo largo de ese periodo la temperatura de la Tierra se calentó 5°C, el ascenso más rápido registrado en la historia reciente de la Tierra.

¿En qué medida se parecen la velocidad y magnitud del cambio de aquel periodo con lo que se predice que ocurrirá en este siglo? Si no reducimos nuestras emisiones de gases invernadero, parece inevitable un aumento de 3°C (con un margen de error de ±2°C) a lo largo del siglo XXI. Al final del último máximo glacial, el calentamiento más rápido entonces registrado fue de tan sólo 1°C por milenio.

**Hoy en día nos enfrentamos a un cambio trein-
ta veces más veloz que entonces. Los seres vivos necesitan tiempo para adaptarse, así pues, en lo referente al cambio climático, la velocidad del cambio es
tan importante como su magnitud.**

En el año 2000, el análisis de un núcleo del golfo Bo-
naparte, en el noroeste tropical de Australia, reveló que
hace 19,000 años, en un periodo de tan sólo 100 a 500 años,
el nivel del mar ascendió bruscamente de 10 a 15 metros, lo
que indica que el deshielo comenzó mucho antes de lo que
se había imaginado. El agua procedía del hundimiento de
una placa de hielo del hemisferio norte, que derramó entre un cuarto de sverdrup y dos sverdrups de agua en el
Atlántico Norte. La magnitud de las corrientes oceánicas
se mide en sverdrups, en honor al oceanógrafo noruego
Hans Ulrich Sverdrup. Un sverdrup es un impresionante flujo de agua —1 millón de metros cúbicos por segundo y kilómetro cuadrado—, y al perturbar la Corriente del
Golfo, aquel influjo tuvo poderosas consecuencias.

La Corriente del Golfo transporta hacia el norte grandes cantidades de calor originado cerca del Ecuador —casi
una tercera parte del calor engendrado por el Sol en Europa occidental— mediante una corriente de agua salada caliente. A medida que va soltando calor el agua se hunde, pues al ser salada, pesa más que el resto del agua que
la rodea. Este descenso de nivel arrastra más agua salada
caliente hacia el norte. Si el nivel salino de la Corriente
del Golfo se diluye con agua dulce, el agua no se hunde
a medida que se enfría, con lo que deja de arrastrar más
agua caliente hacia el norte.

La Corriente del Golfo ha dejado de fluir por completo en ocasiones anteriores. Sin el calor que aporta, los
glaciares que antes se derretían comienzan a expandirse
de nuevo, y a medida que su superficie blanca refleja el
calor del Sol de vuelta al espacio, la Tierra se enfría. Los

animales y plantas emigran o mueren, y la temperatura de regiones como el centro de Francia desciende en picada a niveles siberianos.

El calor, no obstante, no se disipa. La mayor parte de éste queda estancado alrededor del Ecuador y en el hemisferio sur, donde puede provocar que se derritan los glaciares del sur. Los rayos del Sol caen entonces sobre una superficie marina oscura en lugar de sobre el hielo, y son absorbidos por ella. Este fenómeno calienta el mundo de abajo arriba, por así decirlo. Cuando la Corriente del Golfo se vuelve a poner en marcha, cortesía del crecimiento del hielo del norte, el planeta entra en un nuevo ciclo de calentamiento.

Se necesitan alrededor de dos sverdrups de agua dulce para ralentizar de manera significativa la Corriente del Golfo, y los datos geológicos confirman que esto sucedió en repetidas ocasiones entre 20,000 y 8,000 años atrás. Así pues, la transición de la glaciación a la templada época actual debió de ser como subirse a una especie de montaña rusa desenfrenada.

Y de repente, aquella locura climática dejó paso a la calma más serena. Según el arqueólogo Brian Fagan, fue como si se hubiera instalado un largo verano cuyo calor y estabilidad eran desconocidos para el mundo de la era glaciar.

A lo largo y ancho del planeta, la gente que hasta entonces se había cobijado en chozas y vivido de forma precaria comenzó a cultivar la tierra, a domesticar animales y a vivir en poblaciones permanentes.

**¿Acaso fueron el calor y la estabilidad los desencadenantes del florecimiento de nuestra compleja sociedad?**

# 7. El largo verano

Estos últimos 8,000 años han sido como un largo verano, y éste es sin duda el hecho más crucial de la historia de la humanidad. Aunque la agricultura comenzó un poco antes —hará unos 10,500 años durante el Creciente Fértil en Oriente Próximo—, durante este periodo nos hicimos con la mayoría de los principales cultivos y animales domésticos, nacieron las primeras ciudades, se excavaron las primeras acequias, se escribieron las primeras palabras y se acuñaron las primeras monedas.

Y estos cambios no se produjeron una sola vez, sino muchas veces, de forma independiente, en distintas partes del mundo.

Antes de que nuestro largo verano cumpliera los 5,000 años, habían surgido ciudades en Asia occidental, Asia oriental, África y Centroamérica. La similitud de templos, casas y fortificaciones era asombrosa.

**Es como si la mente humana hubiera albergado desde el principio una plantilla de cómo había de ser una ciudad, y hubiera estado esperando a que se dieran las condiciones idóneas que permitieran construirla.**

Estos asentamientos humanos estaban gobernados por una elite que dependía de los artesanos. En unas cuantas sociedades se desarrolló la escritura, e incluso en las más primitivas anotaciones —tablillas de arcilla de la antigua Mesopotamia— reconocemos la vida tal como se vive ahora en las grandes metrópolis.

¿Fue este largo verano el resultado de una casualidad cósmica? ¿Coincidieron acaso los ciclos de Milankovic, el Sol y la Tierra «en el punto justo» para crear un periodo de calor y estabilidad de una duración sin precedentes? En cada uno de los periodos templados que conocemos de este último millón de años, los ciclos de Milankovic causaron repentinas subidas de temperatura que se siguieron de un largo e inestable enfriamiento. No hay nada especial en el actual ciclo de Milankovic que pueda explicar este largo verano. De hecho, si los ciclos de Milankovic todavía estuviesen controlando la Tierra, a estas alturas ya deberíamos haber sentido un frío notable.

Cuando intentó explicar el largo verano, Bill Ruddiman, científico medioambiental de la Universidad de Virginia, comenzó a buscar algún factor singular —algo que hubiese actuado sólo en el último ciclo y en ninguno de los anteriores—. Decidió que ese factor singular éramos nosotros.

Los primeros en identificar este nuevo periodo geológico fueron el Premio Nobel Paul Crutzen —se le concedió por su investigación del agujero de la capa de ozono— y sus colegas. Lo bautizaron, en honor a nuestra especie, con el nombre de Antropoceno —que significa la «era de la humanidad»— y señalaron su nacimiento en 1800 d.C., cuando el metano y el $CO_2$ engendrados por las descomunales máquinas de la Revolución Industrial comenzaron a influir en el clima de la Tierra.

Ruddiman añadió un giro revolucionario a aquel argumento, pues detectó que la influencia del ser humano en el clima de la Tierra se inició mucho antes de 1800.

Al registrar los niveles de dos gases invernadero cruciales —el metano y el $CO_2$— encontrados en las burbujas de aire atrapadas en las placas de hielo de Groenlandia y el Antártico, Ruddiman descubrió que los acontecimientos de los últimos 8,000 años no pueden explicarse con los ciclos de Milankovic. Al inicio de ese periodo, el metano debería haber comenzado a declinar, declive que se debería haber acelerado hace unos 5,000 años. Por el contrario lo que ocurrió fue que, tras un leve descenso, la concentración de metano comenzó un lento pero imparable ascenso.

Ruddiman sostiene que esto demuestra que los humanos arrebataron a la naturaleza el control de las emisiones de metano, y que deberíamos fechar el inicio del Antropoceno hace 8,000 años, y no hace 200 años.

El comienzo de la agricultura fue el que inclinó la balanza, y en particular los cultivos húmedos del tipo que se practican en los arrozales inundados del sudeste de Asia. Estos sistemas de cultivo pueden ser extraordinarios productores de metano. Los agricultores de otras plantaciones que requieren condiciones pantanosas hicieron su propia contribución más o menos por la misma época. El cultivo del taro, por ejemplo, que implica la creación y mantenimiento de estructuras de control del agua, se practicaba en Nueva Guinea hace 8,000 años.

Incluso los cazadores-recolectores pueden haber desempeñado algún papel en este cambio. La construcción de presas transformó enormes áreas del sudeste asiático en pantanos estacionales. Estas estructuras fueron quizá las más extensas creadas por un pueblo no agrícola, y se utilizaban para regular los pantanos con el fin de criar anguilas. Recogidas en masa durante las reuniones multitudinarias de las tribus, las anguilas se secaban y se ahumaban para comerciar con ellas a grandes distancias.

Ruddiman también encontró pruebas en las burbujas de aire de que la concentración de $CO_2$ de la atmósfera había variado por la acción humana mucho antes de lo que se creyó en un principio. Los niveles de $CO_2$ suelen ascender rápidamente a medida que acaba la fase glacial, y luego acostumbran a declinar lentamente hacia el siguiente periodo frío. Pero durante este ciclo, siguieron ascendiendo. Para el año 1800, los niveles de $CO_2$ atmosférico alcanzaban ya las 280 partes por millón. Según Ruddiman, si los ciclos naturales hubieran seguido siendo los únicos que controlaban el presupuesto de carbono de la Tierra, el $CO_2$ debería haber tocado techo al alcanzar las 240 partes por millón, y estar experimentando hoy un descenso.

A primera vista su argumento parece endeble. Después de todo, los primeros humanos habrían tenido que emitir el doble de carbono del que se emitió durante nuestra era industrial, entre 1850 y 1990 —resultado de una población sin precedentes que utilizaba máquinas que quemaban carbón—.

**La clave, observa Ruddiman, es el tiempo. Ocho mil años es un intervalo muy largo, y a medida que los humanos talaban y quemaban bosques por todo el globo, sus actividades actuaban como una mano que arroja plumas sobre una balanza: con el tiempo, hubo suficientes plumas para inclinar el platillo.**

Ruddiman sostiene que la frágil estabilidad climática creada por los humanos en los últimos 8,000 años seguía siendo vulnerable a los grandes ciclos de Milankovic. El arqueólogo Brian Fagan argumenta a su vez que estos ciclos podrían amplificarse hasta llegar a tener un impacto monumental sobre las sociedades humanas. El leve desplazamiento de la órbita de la Tierra entre los años 10000 a.C. y 4000 a.C. le proporcionó al hemisferio norte entre un 7 y un 8 por ciento más de luz solar.

Esta circunstancia cambió la circulación atmosférica, resultando en un incremento de las precipitaciones de Mesopotamia de un 25 a un 30 por ciento. Lo que antaño fue un desierto se transformó en una verde planicie que alimentaba a pobladas comunidades de campesinos. Después del 3800 a.C., sin embargo, la órbita de la Tierra regresó a su pauta anterior y las precipitaciones disminuyeron notablemente, obligando a muchos campesinos a abandonar sus campos y vagar en busca de comida.

Fagan cree que muchos de aquéllos que erraban expulsados por las hambrunas encontraron refugio en unos cuantos lugares estratégicos, como Uruk (ahora al sur de

Irak), donde los ríos principales se ramificaban en canales de irrigación. Allí una autoridad central puso a trabajar a los inmigrantes hambrientos en proyectos de construcción, como el mantenimiento de los canales de irrigación.

Fagan sostiene que el hecho de que hubiera menos lluvias también obligó a los campesinos de Uruk a innovar, con lo que por primera vez utilizaron arados y animales para trabajar los campos en una rotación que les permitiera obtener dos cosechas anuales.

Debido a que la producción de cereal estaba localizada en torno a las poblaciones estratégicas, los asentamientos de los alrededores comenzaron a especializarse en producir bienes como cerámica, metales o pescado, con los que comerciaban en los mercados de Uruk a cambio de un grano cada vez más escaso.

Cada uno de estos cambios condujo a la creación de una autoridad más centralizada, que a su vez fundó la primera burocracia del mundo, cuyo trabajo era hacer inventario del vital cereal y distribuirlo.

La suma de todos estos cambios alteró la organización humana, y, allá por el 3100 a.C., las ciudades septentrionales de Mesopotamia se habían convertido en las primeras civilizaciones del mundo. De hecho, Fagan sostiene que la ciudad es una forma de adaptación clave del ser humano a condiciones climáticas más secas.

Regresemos ahora al análisis de Bill Ruddiman, pues nos reserva varios giros sorprendentes. Según él, existe una clara correlación entre las épocas de baja concentración de $CO_2$ en la atmósfera y varias plagas causadas por la bacteria *Yersinia pestis:* la «peste negra» de la época medieval. Estas epidemias tenían un alcance global y mataban a tanta gente que los bosques volvían a crecer sobre tierras de cultivo abandonadas. En el proceso, éstos absorbían $CO_2$, reduciendo la concentración atmosférica entre 5 y 10 partes por millón. La consecuencia era una caída de las temperaturas globales, seguida de periodos de frío relativo en lugares como Europa.

La tesis de Ruddiman implica que los habitantes de la Antigüedad añadieron suficientes gases invernadero como para mantener la Tierra «en el punto justo» para demorar otra glaciación, aunque sin llegar a sobrecalentar el planeta —un verdadero acto de alquimia—. Hoy en día, sin embargo, son tan grandes los cambios que los científicos están detectando en la atmósfera que parece que las puertas del tiempo están volviendo a abrirse.

**Existen signos inequívocos de que las cosas se están poniendo feas para el Antropoceno. ¿Será éste el periodo geológico más corto jamás conocido?**

# 8. Desenterrar a los muertos

Caminamos sobre la tierra,
vigilamos,
como el arco iris instalado en lo alto.
Pero algo debajo de nosotros,
bajo el suelo.
No sabemos.
No sabes.
¿Qué quieres hacer?
Si lo tocas,
puedes tener un ciclón, fuertes lluvias o una inundación.
No sólo aquí,
podrías matar a alguien en otro sitio.
Podrías matarle en otro país.
No puedes tocarlo.

BIG BILL NEIDJIE, *Gagadju Man*, 2001

Los aborígenes australianos viven en contacto con la tierra, y tienen una manera muy característica de ver el mundo. Tienden a verlo como un todo. Big Bill Neidjie era un anciano realmente sabio que pasó su juventud llevando una vida tribal, moviéndose de aquí para allá, cazando y recolectando. Cuando nos habla del impacto de la minería en su región de Kakadu, no habla de las minas, la escoria y la tierra envenenada. En unas pocas palabras describe el gran ciclo que empieza con la interrupción del eterno sueño viviente de los ancestros y termina con la catástrofe que espera a las generaciones venideras.

El reto que nos lanza —«¿Qué quieres hacer?»— resulta inquietante, porque mi país —el país de Bill— está atravesado de par en par por todo tipo de minas, y se saca más carbón de sus entrañas para enviarlo a otros países que de ningún otro lugar del planeta. Big Bill ha intuido los vínculos ocultos entre la minería, el cambio climático y el bienestar de la humanidad, aquellos mismos que los científicos luchan por comprender en sus estudios sobre el efecto invernadero. El reto de Bill sigue sin respuesta, pues todavía tenemos la oportunidad de decidir nuestro futuro.

Los combustibles fósiles —petróleo, carbón y gas— son todos restos de organismos que, hace muchos millones de años, extraían carbono de la atmósfera. Cuando quemamos madera, liberamos carbono que lleva décadas fuera de la circulación atmosférica, pero cuando quemamos combustibles fósiles, liberamos carbono que lleva millones de años fuera de circulación.

**No está nada bien que los vivos desentierren a los muertos de ese modo.**

En 2002, el consumo de combustibles fósiles liberó un total de 21,000 millones de toneladas de $CO_2$ a la atmósfera, el 41 por ciento originado por el carbón, el 39 por ciento por el petróleo y el 20 por ciento restante por el gas. La energía que liberamos cuando quemamos estos combustibles procede del carbono y del hidrógeno. Como el carbono es un causante del cambio climático, cuanto más rico en carbono sea un combustible, más peligro representa para el futuro de la humanidad. La antracita, el mejor carbón negro, es prácticamente puro carbono. Si quemas una tonelada de antracita creas 3.7 toneladas de $CO_2$.

Los combustibles derivados del petróleo contienen dos átomos de hidrógeno por uno de carbono en su estructura. El hidrógeno produce más calor que el carbono al quemarse —y al hacerlo produce sólo agua—, así que quemar petróleo libera menos $CO_2$ que el carbón.

El combustible fósil con menor contenido de carbono es el metano, que sólo tiene un átomo de carbono por cada cuatro de hidrógeno.

Estos combustibles forman una escalera que nos aleja del carbón como combustible de nuestra economía. Incluso utilizando los métodos más avanzados —que no son, ni mucho menos, los que se utilizan en las centrales eléctricas de carbón—, quemar antracita para generar electricidad causa un 67 por ciento más de emisiones de $CO_2$ que el metano, mientras que el lignito —que es más joven y contiene más humedad e impurezas— produce un 130 por ciento más.

Para ver una de las centrales eléctricas más contaminantes —en términos de $CO_2$— de uno de los principales países industrializados del mundo hay que viajar a Gippsland, Victoria, sede de la central de Hazelwood, donde se quema carbón negro para proveer de electricidad a la mayor parte del estado.

**Por lo tanto, desde la perspectiva de un cambio climático, hay una diferencia abismal entre utilizar gas o quemar carbón para hacer funcionar una economía.**

El carbón es el combustible fósil más abundante de nuestro planeta. La gente que trabaja en la industria a menudo se refiere a él como el «sol enterrado», y en cierto sentido es una descripción exacta, pues el carbón proviene de los restos fosilizados de plantas que crecieron en pantanos hace millones de años. En lugares como Borneo se puede observar la formación del carbón en sus fases iniciales. Allí, enormes árboles se derrumban y se hunden en el cenagal, donde la falta de oxígeno impide que se pudran. Se va amontonando cada vez más vegetación muerta hasta que se forma una gruesa capa de materia vegetal empapada. Posteriormente los ríos arrastran arena y légamo hacia la ciénaga, lo que comprime la vegetación y elimina la humedad y demás impurezas.

A medida que la ciénaga va quedando más y más enterrada, el calor y el tiempo alteran la química de la madera, las hojas y demás materia orgánica. Primero la turba se convierte en lignito y después de muchos millones de años el lignito se transforma en carbón bituminoso. Si se aplica más presión y calor, y se eliminan más impurezas, puede convertirse en antracita. En su versión más exquisita, el azabache, la antracita es una joya tan hermosa como el diamante.

A lo largo de la historia de la Tierra, algunas épocas han sido más propicias que otras para formar carbón. En el periodo Eoceno, hace unos 50 millones de años, se extendieron grandes ciénagas por varias zonas de Europa y Australia. Sus restos enterrados forman los depósitos de lignito que estamos encontrando hoy.

Gran parte de la antracita del mundo fue materia viva durante el periodo Carbonífero, entre 360 y 290 millones de años atrás. El mundo carbonífero, que recibe su nombre de los inmensos depósitos de carbón que se almacenaron entonces, era un lugar muy distinto de las tierras húmedas de hoy día.

De haber podido ir a pasear en barca por las antiguas ciénagas de esa época pretérita, en lugar de ver eucaliptos rojos y cipreses calvos, habríamos visto parientes gigantescos de licopodios y otras licopodiáceas, así como extrañísimas plantas hoy en día extinguidas. Los troncos escamosos y parecidos a columnas de los *Lepidodendron* crecían en densos bosques, y cada tronco tenía dos metros de diámetro y alcanzaba los cuarenta y cinco metros de altura. Sólo se ramificaban en la parte superior, donde unos brotes cortos y desordenados daban hojas herbosas de un metro de largo.

En aquellos tiempos no había reptiles, ni mamíferos ni aves. La vegetación húmeda y asfixiante estaba infestada de insectos y criaturas similares. La atmósfera era rica en oxígeno. Los milpiés alcanzaban los dos metros de longitud, las arañas un metro de ancho y las cucarachas treinta centímetros de largo. Había libélulas con una envergadura de casi un metro, mientras que en el agua merodeaban anfibios del tamaño de un cocodrilo, con enormes cabezas, amplias bocas y ojitos brillantes y globulosos.

**Al saquear el tesoro enterrado de este extraño mundo nos hemos liberado de los límites de la producción biológica en nuestra propia era.**

La marcha hacia un futuro dependiente de los combustibles fósiles comenzó en la Inglaterra de Eduardo I. El propio rey detestaba tanto el olor del carbón que en 1306 prohibió que se quemara. Incluso hay constancia de que se torturó, ahorcó o decapitó a gente por quemar carbón. Pero los bosques de Inglaterra se estaban agotando. A pesar del rey, los ingleses se convirtieron en los primeros europeos en quemar carbón a gran escala.

En aquella época la gente no tenía ni idea de lo que era el carbón. Muchos mineros creían que se trataba de una sustancia viva que crecía en el subsuelo, y que su multiplicación se aceleraba si se le untaba estiércol. El hedor a azufre que acompañaba su combustión era un desagradable recordatorio de los tormentos del infierno bajo tierra. La gente, por otra parte, también asociaba el carbón con la peste.

A pesar de todo, allá por 1700, se consumían en la ciudad de Londres 1,000 toneladas al día. Pronto asomó el fantasma de una crisis energética. Las minas de Inglaterra se habían excavado a tal profundidad que se estaban llenando de agua. Había que encontrar una manera de bombearla.

El hombre que descubrió cómo hacerlo era el ferretero de un pueblecito, Thomas Newcomen. Su dispositivo quemaba carbón para producir vapor, el cual al condensarse creaba un vacío que movía un pistón, bombeando así el agua. El primer motor de Newcomen se instaló en una mina de carbón de Staffordshire en 1712. Cincuenta años más tarde, había centenares funcionando por todo el país, y la producción de carbón de Inglaterra se había incrementado hasta 6 millones de toneladas por año.

El ingenioso James Watt mejoró el invento de New-comen y, en 1784, el asociado y amigo de Watt, William Murdoch, produjo la primera máquina de motor móvil. Desde ese momento quedó claro que el nuevo siglo —el siglo XIX— iba a ser el siglo del carbón. Ningún otro combustible podía rivalizar con él en la cocina, la calefacción, la industria y el transporte. En 1882, cuando Thomas Edison inauguró la primera central de luz eléctrica al sur de Manhattan, la producción de electricidad se añadió al haber del carbón.

**Hoy día se quema más cantidad de carbón que en ningún otro momento del pasado.**

Entre 1999 y 2009 se proyecta construir en el mundo 249 centrales eléctricas de carbón, casi la mitad de ellas en China. Éstas se seguirán de otras 483 durante la siguiente década, hasta 2019, y de 710 más entre los años 2020 y 2030. En torno a una tercera parte de estas centrales serán chinas, y producirán un total 710 gigavatios de energía —un gigavatio equivale a 1,000 millones de vatios—. El $CO_2$ que produzcan seguirá calentando el planeta durante siglos.

Si el siglo XIX fue el siglo del carbón, el siglo XX ha sido el siglo del petróleo. El 10 de enero de 1901, en una pequeña colina llamada Spindletop, en Texas, Al Hamill estaba perforando en busca de petróleo. Se había adentrado más de trescientos metros en la arenisca, y a eso de las 10:30 de la mañana, furioso por su falta de éxito, estaba a punto de abandonar. En aquel momento, «con un estallido ensordecedor y una especie de enorme aullido, salieron disparadas del agujero espesas nubes de metano. Luego salió el líquido, una columna de 15 centímetros de ancho. Salió despedido hacia el cielo hasta alcanzar varias decenas de metros de alto antes de volver a caer a la tierra en forma de lluvia negra». El descubrimiento de petróleo en estratos tan profundos era algo nuevo. El petróleo pronto desplazó al carbón en los campos del transporte y la calefacción doméstica.

El problema del petróleo, sin embargo, es que hay muchísimo menos que carbón y resulta más difícil de encontrar.

El petróleo es producto de la vida de antiguos océanos y estuarios. Se compone principalmente de restos de plancton —en particular plantas unicelulares conocidas como fitoplancton—. Cuando muere el plancton sus restos se sumergen hacia las profundidades libres de oxígeno, donde la materia orgánica puede acumularse sin ser consumida por las bacterias.

**El proceso geológico para la creación de petróleo es tan preciso como una receta para hacer crepas.**

En primer lugar, los sedimentos que contienen el fitoplancton deben quedar enterrados y comprimidos por otras rocas. Luego se necesitan las condiciones perfectas para que la materia orgánica salga de las rocas madre y se traslade, a través de grietas y rendijas, a un estrato apropiado donde depositarse. Este estrato debe ser poroso, pero por encima de éste tiene que haber otra roca lo bastante gruesa como para impedir escapes.

Además de todo, las ceras y grasas que son la fuente de petróleo deben «cocerse» a una temperatura determinada, entre 100°C y 135°C, durante millones de años. Si la temperatura excede estos límites, lo único que se produce es gas o puede que los hidrocarburos se pierdan por completo. La creación de reservas de petróleo es el resultado del puro azar, de que las rocas adecuadas se «cuezan» de la manera adecuada durante el tiempo justo.

La casa de Saúd, el sultán de Qatar y otros opulentos principados de Oriente Próximo deben todos su fortuna a este accidente geológico. Las condiciones de las rocas de esa región han estado en ese punto justo necesario para producir una sobreabundancia de petróleo. Antes de que comenzara su explotación, un único yacimiento petrolífero de Arabia Saudí, el Ghawar, contenía la séptima parte de todas las reservas petroleras del planeta.

Hasta el año 1961 las compañías petroleras mundiales encontraban más y más petróleo cada año, la mayor parte en Oriente Próximo. Desde entonces, se ha ido descubriendo bastante menos, aunque se haya ido consumiendo más. En 1995, la media anual de consumo de petróleo de los seres humanos ascendía a 24,000 millones de barriles, pero la media de petróleo descubierto sólo alcanzaba los 9,600 millones de barriles por año. Hacia el año 2006, el precio del petróleo superaba los 70 dólares por barril. Muchos analistas predicen que los precios seguirán subiendo e incluso que habrá escasez de petróleo ya en el año 2010, lo que sugiere que las economías del siglo XXI necesitarán encontrar otra forma de abastecerse de energía.

Muchos de los que trabajan en la industria creen que esa «otra forma» es el gas natural, cuyo principal componente es el metano —alrededor del 90 por ciento—. Hace 30 años, el gas natural representaba tan sólo el 20 por ciento de los combustibles fósiles del mundo. Si prosigue la tendencia actual, en el año 2025 éste habrá desplazado al petróleo como la fuente de energía más importante. Hay reservas suficientes de gas para cincuenta años más. Así que posiblemente éste sea el siglo del gas.

De momento, sin embargo, examinemos el uso del combustible fósil, su crecimiento futuro, y la carga que ya está suponiendo para nuestro planeta.

En 1900, el mundo albergaba a poco más de 1,000 millones de personas. En 2000, ya éramos 6,000 millones, y cada uno de nosotros utilizaba, como media, cuatro veces más energía que sus antepasados hace 100 años. A lo largo del siglo XX, el consumo de combustible fósil fue dieciséis veces mayor que en el siglo anterior.

De acuerdo con el investigador Jeffrey Dukes, todo el carbono y el hidrógeno de los combustibles fósiles se acumuló por la acción de la energía de la luz solar captada por las plantas hace ya mucho tiempo. Según sus cálculos, se requieren aproximadamente 100 toneladas de antigua vida vegetal para crear cuatro litros de petróleo.

Esto significa que, por cada año que pasa de nuestra era industrial, los humanos necesitan el equivalente a varios siglos de antigua luz solar para mantener en marcha la economía, como demuestra la emblemática cifra del año 1997 —unos 422 años de luz solar fósil—.

**Más de 400 años de resplandeciente luz solar, ¡y la quemamos en un solo año!**

La lectura del análisis de Duke ha cambiado mi manera de ver el mundo. Ahora, cuando paseo por las extensiones de arenisca que hay alrededor de Sydney siento la energía de antiquísimos rayos de Sol bajo mis pies desnudos. Cuando miro la roca a través de una lupa veo los granos cuyos bordes redondeados acarician mis pies, y me doy cuenta de que cada uno de esos incontables miles de millones de granos ha adquirido esa forma gracias a la energía solar. Hace más de 300 millones de años, el Sol extrajo agua de un océano primigenio que a continuación cayó en forma de lluvia sobre una lejana cordillera. Poco a poco, la roca se fue descomponiendo y fue transportada hacia los ríos, hasta que todo lo que quedó de ella fueron estos granos redondeados de cuarzo.

Se necesita un millón de veces más de energía para crear estos granos de arena de la que se necesita para cualquier otra empresa humana. Desde la planta de los pies hasta mi coronilla caliente por el Sol, entiendo a la perfección lo que Duke está diciendo acerca de la luz solar fósil: el pasado es una tierra de abundancia, cuyas riquezas enterradas son fabulosas comparadas con nuestra escasa ración diaria de radiación solar.

El poder y la seducción de los combustibles fósiles será difícil de dejar atrás. Si los seres humanos tuviéramos que buscar un sustituto en la biomasa —que abarca todos los seres vivos, pero en este caso sobre todo las plantas—, consumiríamos un 50 por ciento más de lo que producimos actualmente en la Tierra. Ya utilizamos un 20 por ciento más de lo que el planeta puede proporcionar de manera sostenible, por lo que necesitamos encontrar maneras sostenibles e innovadoras de hacerlo.

En 1961 sólo éramos 3,000 millones de personas, y utilizábamos tan sólo la mitad de los recursos totales que nuestro ecosistema global podía ofrecer de manera sostenible. Llegado el año 1986, nuestra población superaba los 5,000 millones y ya estábamos utilizando *toda* la producción sostenible de la Tierra.

En 2050, cuando se espera que el nivel de la población alcance los 9,000 millones, estaremos usando —si es que aún pueden encontrarse— los recursos equivalentes a dos planetas. Pero aunque son muchas las dificultades que encontraremos a la hora de hallar estos recursos, nuestros desechos —sobre todo los gases invernadero— constituyen el factor más condicionante de todos. Desde el comienzo de la Revolución Industrial nuestro planeta ha experimentado un calentamiento global de $0.63°C$. Su causa principal es el incremento del $CO_2$ atmosférico, cuya proporción en la atmósfera ha pasado de 300 a 400 partes por millón. Casi todo el incremento en la quema de combustibles fósiles se ha producido durante las últimas décadas.

**Nueve de cada diez años registrados como los más calurosos de la historia se han producido a partir de 1990.**

# Segunda parte:

# Cien entre un millón

# 9. Puertas mágicas, El Niño y La Niña

El efecto del calentamiento global sobre el clima de la Tierra es parecido al de un dedo sobre un interruptor de la luz. Al principio no sucede nada, pero si se aumenta la presión, llegado cierto punto sobreviene un cambio repentino y las condiciones pasan rápidamente de un estado a otro.

La climatóloga Julia Cole cataloga los saltos que efectúa el clima de «puertas mágicas», y sostiene que puesto que las temperaturas comenzaron a subir rápidamente en los setenta, nuestro planeta ya ha presenciado dos de esos saltos: en 1976 y 1998.

La idea de que la Tierra atravesó una puerta mágica climática en 1976 se originó en el distante atolón de coral de Maiana, en la nación del Pacífico de Kiribati. De hecho se originó de manera específica en uno de los corales más antiguos jamás encontrados —un *Porites* de 155 años—, que se creó y creció allí. Cuando los investigadores perforaron una sección de este coral descubrieron que contenía un detallado registro climático que se remontaba a 1840.

La puerta mágica de 1976 se manifestó como un incremento repentino y sostenido de la temperatura de la superficie del mar de 0.6°C, y una disminución en la salinidad (el nivel de sal) del océano de un 0.8 por ciento.

Entre 1945 y 1955, era habitual que la temperatura de la superficie del Pacífico tropical descendiera por debajo de los 19.2°C, pero después de que se abriera la puerta mágica en 1976, rara vez ha bajado de los 25°C. «El Pacífico tropical occidental es el área más cálida del océano global y es un gran regulador del clima», dice Martin Hoerling, investigador climatológico. Controla la mayoría de las precipitaciones tropicales y la posición de la Corriente en Chorro, la poderosa corriente de aire localizada en la parte alta de la atmósfera cuyos vientos llevan nieve y lluvia a Norteamérica.

En 1977, *National Geographic* publicó un artículo sobre el desquiciado tiempo que había hecho el año anterior, que exponía lo inusitadamente benignas que habían sido las condiciones en Alaska mientras que en los otros 48 estados de Estados Unidos, que están más al sur, se habían producido tormentas de nieve. La causa inmediata era un desplazamiento de la Corriente en Chorro que no sólo había afectado a Estados Unidos: los cambios habían llegado a zonas tan lejanas como el sur de Australia y las islas Galápagos —que están en el océano Pacífico, encima del ecuador, a 1,000 kilómetros de la costa de Sudamérica—. Los cambios que allí acontecieron afectaron a la evolución.

Charles Darwin visitó las islas Galápagos en la década de 1830. Utilizó los pinzones de las islas para ilustrar su teoría de la evolución mediante la selección natural. Pudo hacerlo porque al ser estas islas tan aisladas, las plantas, pájaros y demás animales habían podido desarrollarse bajo circunstancias diferentes. Desde entonces, la región ha sido como una meca para los biólogos, que han instalado estaciones de investigación para estudiar su flora y su fauna.

Los científicos que estudiaban los pájaros observaron impotentes cómo la sequía de 1977 casi extermina una especie de pinzón nativo en una de las islas. De los 1,300 que existían antes de la sequía sólo sobrevivieron 180, y todos ellos de pico más largo que los demás, lo que les había permitido alimentarse partiendo semillas duras.

De estos 180 supervivientes, 150 eran machos, de modo que cuando por fin llegaron las lluvias, los machos se enfrentaron a una dura competición para conseguir pareja. De nuevo fueron los de pico más grande quienes triunfaron. Tras este doble duro golpe a la especie se produjo un cambio mensurable en el tamaño del pico de la población de la isla. Los biólogos tenían datos del tamaño del pico de los pinzones que se remontaban a 150 años atrás, por lo que sintieron que estaban contemplando la evolución de una nueva especie.

**La puerta mágica de 1998 está relacionada con el ciclo El Niño-La Niña, un ciclo de entre 2 y 8 años responsable de condiciones climáticas extremas en gran parte del mundo.**

El nombre de El Niño, que hace alusión al niño Jesús, fue acuñado por unos pescadores peruanos que observaron que una corriente caliente a menudo visitaba su pesquería en Navidad. La Niña, por su parte, se refiere a un periodo de enfriamiento del océano a la altura de Sudamérica.

Durante la fase de La Niña, los vientos soplan hacia el oeste por el Pacífico, empujando el agua cálida de la superficie hacia las costas de Australia y las islas que quedan al norte. Mientras dichas aguas templadas se dirigen hacia el oeste, la fría Corriente de Humboldt consigue emerger a la superficie del Pacífico frente a las costas de Sudamérica, llevándose consigo los nutrientes que alimentan a la pesca más prolífica del mundo, la anchoa.

La parte del ciclo de El Niño comienza con el debilitamiento de los vientos tropicales, lo que permite que el agua cálida de la superficie fluya de nuevo hacia el este, anegando la Corriente de Humboldt y liberando humedad a la atmósfera, lo que provoca inundaciones en los desiertos peruanos normalmente áridos. El agua más fría aparece ahora en el lejano Pacífico occidental. Como no se evapora tan rápidamente como el agua caliente, la sequía azota entonces Australia y el sudeste asiático.

Cuando El Niño es lo bastante extremo, puede llegar a devastar dos terceras partes del globo con sequías, inundaciones y demás condiciones climáticas extremas.

El año de El Niño de 1997-1998 ha sido inmortalizado por el World Wildlife Fund como «el año en que el mundo se incendió». La sequía había dominado una gran parte del planeta. Hubo incendios en todos los continentes, pero fue en las selvas tropicales habitualmente húmedas del sudeste asiático donde los incendios resultaron más devastadores. Se quemaron 10 millones de hectáreas, de las cuales la mitad era pluviselva. En la isla de Borneo se perdieron 5 millones de hectáreas —un área casi tan grande como Holanda—.

Muchos de los bosques quemados nunca se recuperarán a una escala temporal significativa para los seres humanos. El impacto sobre la singular fauna de Borneo probablemente jamás llegará a conocerse.

**A medida que se acumulen los gases invernadero en la atmósfera experimentaremos de forma persistente condiciones parecidas a las provocadas por El Niño.**

Condiciones severas como las de El Niño pueden alterar el clima de manera permanente. Lo ocurrido en 1998 liberó suficiente energía calorífica como para aumentar la temperatura global alrededor de 0.3°C. Desde entonces, las aguas del Pacífico occidental central a menudo alcanzan los 30°C, mientras que la Corriente en Chorro se ha desplazado hacia el Polo Norte. Este nuevo régimen climático también parece propenso a intensificar el fenómeno de El Niño.

Los investigadores que desean documentar la reacción de la naturaleza al cambio climático a menudo recurren a los datos proporcionados por los ornitólogos, los pescadores y otros observadores de la naturaleza. Algunos de éstos se remontan a mucho tiempo atrás —una familia inglesa registró año tras año las fechas en que oían croar por primera vez una rana y un sapo en su finca desde 1736 hasta 1947—.

Antes de 1950 hay poca evidencia de que estos datos siguieran tendencia alguna, pero durante los últimos 55 años ha emergido, por todo el planeta, una marcada pauta. Las especies se han ido desplazando hacia los polos una media de seis kilómetros por década. Han retrocedido montaña arriba a un ritmo de 6.1 metros por década. Y la actividad primaveral se ha adelantado 2.3 días por década.

Estas tendencias coinciden con la escala y dirección de los aumentos de temperatura provocados por las emisiones de gases invernadero y son consideradas por muchos como la «huella dactilar del cambio climático». Son tan rápidas y decisivas que es como si los investigadores hubieran pillado in fraganti al $CO_2$ empujando la naturaleza con un látigo hacia los polos.

Un ejemplo de este cambio son los diminutos organismos marinos llamados copépodos, que han sido detectados a una distancia de hasta 1,000 kilómetros de su hábitat natural. Treinta y cinco especies de mariposas no migratorias del hemisferio norte se han desplazado hacia el norte, hasta 240 kilómetros de distancia, mientras se iban extinguiendo más al sur. Incluso las especies tropicales se están desplazando, y los pájaros de la tierra caliente de Costa Rica se han extendido 18.9 kilómetros hacia el norte en los últimos veinte años.

**Al haber tantas especies que se están reubicando, es inevitable que los cambios provocados por el hombre en el entorno obstruyan la migración.**

Existe una inconfundible subespecie de la mariposa *Euphydryas editha* que habita el norte de México y el sur de California. El aumento de las temperaturas en primavera ha provocado que la planta que alimenta a sus orugas —un tipo de boca de dragón— se marchite antes, haciendo pasar hambre a las larvas hasta el punto de que no pueden convertirse en crisálidas. Las mariposas podrían haber migrado hacia el norte de no haberse interpuesto en su camino la expansión urbana de San Diego. Ahora que sólo queda un 20 por ciento de su hábitat original para alimentarlas, puede que las subespecies del sur de la *Euphydryas editha* no sobrevivan a nuestro siglo.

El hecho de que la actividad primaveral comience prematuramente es una clara manifestación del cambio climático. En el mundo de los pájaros, el arao común *(Uria aalge)*, un ave marina del hemisferio norte, ha adelantado su puesta una media de 24 días antes por década desde que se estudia su anidamiento. En Europa, numerosas especies vegetales han estado brotando y floreciendo de 1.4 a 3.1 días antes por década, mientras que sus parientes de América del Norte lo han hecho entre 1.2 y 2 días antes. Las mariposas europeas aparecen entre 2.8 y 3.2 días antes por década, mientras que las aves migratorias llegan a Europa entre 1.3 y 4.4 días antes por década.

Mientras algunas especies se desplazan rápidamente en respuesta al cambio climático, otras quedan atrás. Un alimento clave puede llegar demasiado tarde o moverse demasiado hacia el norte para que su depredador pueda disponer de él.

Las orugas de la polilla invernal *(Operophtera brumata)* sólo se alimentan de hojas de roble joven. Pero resulta que los robles y las polillas se guían por diferentes indicadores para saber cuándo llega la primavera. Los huevos de la polilla se incuban cuando empieza a hacer calor, sin embargo los robles cuentan los cortos y fríos días de invierno para calcular cuándo hacer brotar sus hojas.

La primavera es ahora más calurosa que hace veinticinco años, pero el número de días fríos del invierno no ha cambiado. Como resultado, las polillas invernales incuban casi tres semanas antes de que los robles den sus primeras hojas. Debido a que las orugas sólo pueden sobrevivir dos o tres días sin comida, ahora hay menos que antes, y las que sobreviven generalmente crecen más deprisa porque hay menos competencia por la comida, lo que significa que los pájaros tienen menos tiempo para encontrarlas.

En este caso, parece probable que la selección natural actúe sobre la polilla para alterar el momento de la incubación, pero esto sólo ocurrirá tras una mortalidad masiva de las primeras orugas incubadas, y cabe esperar que, al menos durante varias décadas, sea una especie escasa.

¿Sobrevivirán los pájaros, las arañas y los insectos que se alimentan de estas polillas? Si no lo consiguen estaremos ante otro ejemplo de cómo el cambio climático está desgarrando el delicado tejido de la vida en todas partes del mundo.

Durante las últimas décadas, las crías de tritón han ido adelantando su aparición en los estanques europeos, pero las de rana no. Esto significa que los renacuajos de tritón están ya muy crecidos cuando los de rana salen de sus huevos. Esto les permite comerse un gran número de crías de rana, lo cual tiene un impacto significativo en el número de ranas.

El calentamiento global amenaza de manera más directa a algunos reptiles, pues la proporción entre machos y hembras viene determinada por la temperatura a la que se incuban los huevos. En el caso de la tortuga pintada de Norteamérica (*Chrysemys picta*), cuanto mayores son las temperaturas, menos machos nacen. Si ascendiesen ligeramente las temperaturas invernales, teniendo en cuenta que ya son muy altas, estas criaturas podrían encontrarse con que toda su población es femenina.

Hace poco se detectó un impacto del cambio climático muy distinto en África, en el lago Tanganica, una de las masas de agua dulce más antiguas y profundas del mundo. Ubicado justo al sur del Ecuador, es el hogar de gran cantidad de especies únicas. Al igual que muchos lagos, sus aguas están estratificadas, y la capa más caliente está arriba. Esto puede impedir que se mezclen las capas superiores, ricas en oxígeno, con las inferiores, ricas en nutrientes, por lo que las plantas que están en las capas soleadas se ven privadas de nutrientes, y las que están en las capas inferiores, de oxígeno. En el pasado, la estratificación del lago quedaba rota de manera estacional por los monzones del sudeste, que agitaban sus aguas y favorecían su espectacular biodiversidad.

Sin embargo, desde mediados de la década de 1970, el calentamiento global ha reforzado tanto la estratificación del lago que los monzones ya no son lo bastante fuertes para mezclar el agua. Como era inevitable, el plancton, que es la base de casi toda la vida del lago, ha disminuido, y se encuentra hoy menos de una tercera parte del que había hace 25 años.

El espectacular caracol espinoso *Tiphoboia horei*, que sólo se encuentra en este lago, ha perdido dos tercios de su hábitat. Hoy en día vive a profundidades de 100 metros o menos, mientras que hace veinticinco años se aventuraba tres veces más profundo. Los científicos advierten que estos cambios amenazan con destruir todo el ecosistema del lago.

Las superficies de los lagos de todo el mundo se están calentando, impidiendo que se mezclen sus aguas y amenazando la base de su productividad.

**Incluso la más remota pluviselva se está viendo afectada por el calentamiento global.**

En zonas del Amazonas muy alejadas de cualquier influencia humana directa, las proporciones de árboles que componen el dosel están cambiando. Impulsadas por los niveles crecientes de $CO_2$, las especies de crecimiento rápido están tomando la delantera, arrinconando a las especies de crecimiento lento. Esto disminuye la biodiversidad de la pluviselva, pues los pájaros y otros animales que dependen de las especies de crecimiento lento para alimentarse desaparecen junto con sus recursos.

Una de las divisiones naturales más importantes de nuestro planeta es la Línea de Wallace. Al oeste de esta línea queda Asia, con sus tigres y sus elefantes, mientras que al este se extiende una región, con Australia en el centro, que se conoce como Meganesia y tiene una flora y una fauna muy antiguas y características, entre las que se encuentran muchos marsupiales.

El hábitat más rico de toda Meganesia lo componen los bosques de roble de media montaña de Nueva Guinea. Durante la estación en que fructifica el roble, el rico humus del suelo se llena de grandes bellotas de un reluciente color marrón. Si coges una, lo más probable es que descubras que ha sido masticada, pues en esos bosques habitan más especies de zarigüeyas y ratas gigantes que en ningún otro lugar de la Tierra, y les privan las bellotas.

El autor con una cría de rata lanuda gigante en la pluviselva del río Nong, Nueva Guinea central, en 1985. El hábitat de esta criatura ya no existe.

Cuando en 1985 vi por primera vez estos impresionantes bosques —en el valle del río Nong, al norte de Telefomin, cerca del centro de la isla—, se extendían ante mí como una gran extensión salvaje e ininterrumpida hacia el horizonte azul. Yo era el primer mamiferólogo que trabajaba en esa zona, lo cual era todo un privilegio. Albergaba muchas especies inusuales, algunas de las cuales eran exclusivas de esa región y totalmente desconocidas para la ciencia.

Una de esas criaturas era una zarigüeya grisácea, del tamaño de un gato con ojos grandes y castaños, patas pequeñas y cola corta, que las gentes de Telefol, que a veces se adentraban en el valle para cazar, denominaban *matanim*. Por lo que deduje de mi conversación con los cazadores, éste llevaba una dieta singular en la que abundaban las hojas de higuera, las frutas y la madera podrida de ciertos árboles.

El Nong no es un lugar al que se llega fácilmente, de modo que cuando en 2001 tuve la oportunidad de regresar, ni lo pensé. Pueden imaginarse lo emocionado que estaba, pero justo antes de que el helicóptero aterrizara, ya se me había caído el alma a los pies. El valle entero, así como las cumbres de su alrededor, se habían transformado en un extenso bosque de tumbas vegetales.

Posteriormente, mi amigos telefol me contaron que durante la segunda mitad de 1997 no llovió casi nada, y el cielo sin nubes dejó caer fuertes heladas que mataron a los árboles. Llegado el Año Nuevo, lo que quedaba del bosque había quedado achicharrado y el suelo estaba cubierto de hojarasca. Cuando llegó el fuego, arrasó todo el valle y llegó hasta las cumbres adyacentes. Estuvo ardiendo durante meses, e incluso un año más tarde, salían llamas de entre el musgo y la materia vegetal muerta enterrados bajo el suelo a bastante profundidad.

Esta secuencia de acontecimientos había devastado la región, expulsando a los animales de sus madrigueras. La gran cantidad de mandíbulas de marsupiales que los cazadores conservaban como trofeo atestiguaba que la catástrofe ecológica había abierto el acceso a los humanos de los últimos refugios vírgenes. Ristras de centenares de mandíbulas pertenecientes a criaturas singulares de gran tamaño como los canguros arborícolas, las zarigüeyas y las ratas gigantes, colgaban de las chimeneas, lo que revelaba que incluso los cazadores mediocres habían tenido el éxito asegurado.

**Me pregunté si entre aquellos trofeos se encontraría la mandíbula del último *matanim* de la Tierra.**

Llevaría años de investigación confirmar la presencia o la ausencia de un animal tan escaso y esquivo. Pero por lo que pude ver durante mi visita de 2001, creo que su supervivencia habría sido un milagro.

# 10. Peligro en los polos

**En los últimos días de 2004, las ciudades del mundo recibieron una noticia asombrosa: comenzando por su extremo septentrional, la Antártida se estaba volviendo verde.**

El pasto antártico sobrevive habitualmente en forma de escasas matas protegidas tras la cara norte de una roca o en algún otro lugar resguardado. A lo largo del verano del hemisferio sur de 2004, sin embargo, comenzaron a aparecer grandes praderas verdes en lo que antaño fue una zona de ventiscas, un signo inequívoco de las transformaciones que se están produciendo en los extremos polares de nuestra Tierra. No obstante, los cambios terrestres son poco menos que insignificantes comparados con los que ocurren en el mar, pues el mar helado está desapareciendo.

Los mares subantárticos están entre los más ricos de la Tierra, a pesar de una ausencia casi total de hierro entre sus sustancias nutritivas. La presencia del mar helado lo compensa de alguna manera, pues el borde semihelado que queda entre el agua salada y el hielo que flota promueve un extraordinario crecimiento del plancton microscópico que es la base de la cadena trófica.

A pesar de los meses de oscuridad invernal el plancton se desarrolla bajo el hielo, permitiendo que el krill, al que sirve de alimento, complete su ciclo de siete años de vida. Y allí donde hay krill en abundancia, es probable que haya pingüinos, focas y grandes ballenas.

Desde el año 1976, el krill ha sufrido un brusco declive, reduciéndose a un ritmo de casi un 40 por ciento por década. A medida que ha ido disminuyendo la cantidad de krill, ha aumentado la de otra especie que se alimenta principalmente de plancton —como las gelatinosas salpas—. Las salpas habían permanecido hasta hace poco confinadas en aguas más septentrionales. No necesitan una gran densidad de plancton para desarrollarse; pueden sobrevivir a base de los magros restos que les ofrecen las partes libres de hielo del océano Antártico. Pero las salpas están tan desprovistas de nutrientes que a ningún mamífero marino o ave del Antártico le merece la pena comérselas.

La reducción en la cantidad de krill parece coincidir con el calentamiento del océano y la reducción del mar helado. Poca duda cabe de que el cambio climático está perjudicando al océano más productivo del mundo, así como a las inmensas criaturas que éste alberga y alimenta.

**¿Imagina lo que significaría para los animales del Serengeti en África que sus pastos se redujeran un 40 por ciento por década desde 1976? ¿Imagina lo que significaría que nuestro propio espacio vital se encogiera un 40 por ciento por década?**

La población actual del pingüino emperador es la mitad que hace treinta años, mientras que el número de pingüinos de Adelia se ha reducido un 70 por ciento. Las ballenas del sur han comenzado a regresar recientemente a las costas de Australia y Nueva Zelanda, pero dejarán de hacerlo, pues necesitan engordar a base de krill invernal a fin de poder viajar hasta aguas más calientes para dar a luz. La ballena jorobada, que cruza los océanos del mundo, ya no conseguirá llenar su enorme panza, como tampoco lo harán las focas y los pingüinos que retozan en los mares del sur.

En lugar de esto, tendremos una criosfera —el término que usan los científicos para describir las zonas heladas de la Tierra— que se deshiela y un océano lleno de salpas gelatinosas.

El Antártico es un continente helado rodeado por un océano inmensamente rico. El Ártico, por otra parte, es

Los pingüinos emperador están en declive por causa del cambio climático. Pequeños cambios en su entorno precario podrían conducirlos a la extinción.

un océano helado rodeado casi por completo de tierra. Asimismo, es el hogar de 4 millones de personas. Gran parte de los habitantes del Ártico viven en la periferia, donde, en lugares como el sur de Alaska, los veranos son hoy 2°C o 3°C más cálidos que hace treinta años.

Uno de los impactos más visibles del cambio climático que podemos observar en la Tierra es el del escarabajo de la corteza de picea. En los últimos quince años ha matado alrededor de 40 millones de árboles en el sur de Alaska, más que ningún otro insecto en la historia documentada de Norteamérica. Dos inviernos duros suelen ser suficientes para mantener bajo control a estos escarabajos, pero en los últimos años, una serie de inviernos suaves ha permitido que su número se dispare.

Los lemmings de collar están magníficamente adaptados a la criosfera, pues sobreviven incluso en la hostil costa norte de Groenlandia. Son los únicos roedores cuyo pelaje se vuelve blanco en invierno, y cuyas garras crecen para convertirse en palas de dos puntas con las que excavan túneles en la nieve. Son tan numerosos que pueden emigrar en masa en busca de comida, aunque no es cierto que se suiciden arrojándose desde los acantilados.

Los científicos vaticinan que si persiste la tendencia del calentamiento global, los bosques se extenderán hacia el norte hasta el límite del mar Ártico, destruyendo así las extensas planicies y el subsuelo congelado de la tundra. Varios cientos de millones de aves emigran a estas regiones para criar. A medida que el bosque vaya invadiendo las tierras del norte, las grandes bandadas parecen destinadas a perder más del 50 por ciento de su hábitat de anidamiento en un solo siglo.

Para el lemming de collar, la vida está intrínsecamente ligada a la tundra. Los expertos afirman que la especie se extinguirá antes de que acabe el siglo. Para entonces, puede que lo único que quede del pequeño roedor suicida sea la memoria popular.

**Pero la auténtica tragedia será que los lemmings no saltaron. Los empujaron.**

El caribú —o reno, como se le conoce en Eurasia— es un animal vital para los inuit, la población indígena del Ártico. El caribú de Peary es una subespecie de menor tamaño y color pálido que se encuentra sólo al oeste de Groenlandia y en las islas árticas de Canadá. En el Ártico, una estación con menos nieve pero más lluvia puede ser devastadora. Las lluvias otoñales se hielan sobre los líquenes que constituyen el alimento invernal del caribú, lo cual provoca que muchos mueran de hambre. El número de caribúes de Peary ha caído desde 26,000 en 1961 a 1,000 en 1997. En 1991 fue clasificado como especie en peligro, lo que significaba que no se podía cazar, así que se volvió irrelevante para la economía inuit.

El pueblo saami de Finlandia ha observado que la comida invernal de los caribúes se hiela de manera parecida. A medida que progresa el cambio climático, parece que el Ártico está dejando de ser un hábitat adecuado para el caribú.

### ¿Podemos imaginar el Polo Norte sin renos?

Si algo simboliza el Ártico probablemente sea el *nanuk*, el gran oso blanco. Es un trotamundos y un cazador, un rival a la altura del hombre en el blanco infinito de su mundo polar. Cada pulgada del Ártico queda dentro de su alcance: ha sido visto a dos kilómetros por encima del casquete de hielo de Groenlandia y caminando decididamente por el hielo a 150 kilómetros del mismísimo Polo. Para los osos polares, que haya suficiente comida implica que haya mucho hielo en el mar. Y el mar helado está desapareciendo a un ritmo del ocho por ciento por década.

Es cierto que los osos polares atrapan lemmings o hurgan en busca de aves muertas si se les presenta la oportunidad, pero el mar helado y el *netsik* —la foca ocelada que vive y cría allí— son la base de la economía del *nanuk*.

El *netsik* es el mamífero que más abunda en el extremo norte. Al menos 2.5 millones de ejemplares nadan entre los icebergs de los mares helados. No obstante, a veces las condiciones climáticas son tales que no pueden criar. En 1974, cayó tan poca nieve en el golfo de Amundsen como para que las focas pudieran construir sus madrigueras cubiertas de nieve sobre el mar helado. De modo que se marcharon, y algunas de ellas llegaron hasta Siberia.

**¿Y los osos polares? Aquéllos que tenían grasa suficiente para migrar siguieron a las focas, pero muchos no pudieron mantener el ritmo y se murieron de hambre.**

Las focas pías viven en el golfo de San Lorenzo. Esta población de focas es distinta, desde un punto de vista genético, del resto de la especie. Al igual que la foca ocelada, no pueden criar sus cachorros cuando el mar no está lo suficientemente congelado, como fue el caso en 1967, 1981, 2000, 2001 y 2002. La sucesión de años sin crías que ha inaugurado este siglo es preocupante. Cuando un ciclo de años sin hielo exceda la vida reproductiva de una hembra de foca pía —quizá, como máximo, una docena de años—, la población del golfo de San Lorenzo se extinguirá.

Los grandes osos blancos están muriendo lentamente de hambre a medida que cada invierno es más cálido que el anterior. Un estudio a largo plazo de 1,200 ejemplares que viven alrededor de la bahía del Hudson revela que hoy día están, en promedio, un 15 por ciento más delgados que hace unas décadas.

Cada año que pasa, las hembras hambrientas dan a luz a menos cachorros. Hace unas décadas era normal que tuvieran trillizos; ahora es algo insólito. Por aquel entonces casi la mitad de los cachorros se destetaban y empezaban a comer solos a los dieciocho meses, mientras que hoy en día esa cifra es de uno entre veinte. En algunas zonas, el aumento de las lluvias invernales puede provocar el desmoronamiento de las madrigueras donde dan a luz, matando a la madre y a las crías que duermen dentro. Y si el hielo se parte demasiado pronto, su madriguera puede quedar separada de las zonas donde encuentran alimento; si los cachorros no pueden nadar las distancias necesarias para ir a buscar comida, se mueren de hambre. En la primavera de 2006 los inuit empezaron a encontrar por primera vez osos polares ahogados: el hielo está ya demasiado lejos de la costa.

Al provocar que el Ártico tenga cada vez menos hielo, estamos creando un paisaje monótono de mar abierto y tierra seca. Si no hay hielo, ni nieve ni *nanuks*, ¿qué pasará con los inuit, el pueblo que le puso nombre al gran oso blanco y que lo comprendió como ningún otro? Cuando el *nanuk* está en forma y bien alimentado es capaz de quitarle la grasa a una foca rolliza, dejando los restos para el zorro ártico, el cuervo y las gaviotas.

A medida que el Ártico se llene de osos blancos hambrientos, ¿qué será de las demás criaturas? La población de gaviotas marfileñas ya ha disminuido en Canadá un 90 por ciento en los últimos veinte años. A este ritmo, no verán el final de este siglo. El *nanuk* está en camino de sumarse a la lista de especies en peligro de extinción.

**Es como si la pérdida del *nanuk* marcara el inicio del desmoronamiento de todo el ecosistema del Ártico.**

Si no se hace nada para limitar las emisiones de gases invernadero, parece seguro que alrededor del año 2050 llegará un día en el que no se vea hielo en el Ártico, tan sólo un mar inmenso, oscuro y turbulento. Pero antes de que se derritan los últimos hielos, los osos habrán perdido sus guaridas, los territorios donde alimentarse y sus pasillos migratorios.

Quizá perdure una cohorte de osos viejos, cada año más delgados que el anterior. O quizá llegue un terrible verano en el que no se encuentren focas por ninguna parte. Puede que algunos osos sobrevivan con una dieta a base de lemmings, carroña y focas cogidas en el mar, pero estarán tan flacos que no despertarán de su sueño invernal. Los cambios son tan rápidos que lo más probable es que hacia el año 2030 no quede prácticamente ningún oso polar en la naturaleza.

Los cambios que estamos presenciando en los polos están fuera de control. A no ser que actuemos pronto, el reino del oso polar, el narval y la morsa será reemplazado por los fríos océanos sin hielo del norte y por los grandes bosques templados de la taiga —el hábitat más extenso de la Tierra, que se expande por todo Canadá, Europa y Asia—.

Podría pensarse que la proliferación de bosques, al consumir $CO_2$, podría contribuir a mitigar el cambio climático. Los científicos estiman que cualquier beneficio que se obtenga estará contrarrestado por la pérdida de albedo o blancura. Un oscuro bosque verde absorbe mucha más luz solar, y por lo tanto retiene mucho más calor, que la tundra cubierta por la nieve. La forestación de las regiones septentrionales de la Tierra resultará en un calentamiento aún más rápido de nuestro planeta.

**Una vez que esto suceda, ya no importará lo que haga la humanidad con respecto a sus emisiones de gases invernadero, pues será demasiado tarde para dar marcha atrás. Tras haber sobrevivido durante millones de años, la criosfera polar del norte habrá desaparecido para siempre.**

# 11. 2050: ¿el gran arrecife mermado?

De todos los ecosistemas oceánicos, ninguno es tan diverso ni tan hermoso, en cuanto a formas y colores se refiere, como un arrecife de coral. Como tampoco ninguno, según los climatólogos y los biólogos marinos, corre tanto peligro por causa del cambio climático.

**¿Es posible que los arrecifes de coral del mundo estén a punto de desaparecer?**

Es una cuestión que afecta a la humanidad, pues los arrecifes de coral producen una renta anual de unos 30,000 millones de dólares, que beneficia principalmente a gente que no tiene otros recursos.

Pero esta pérdida económica podría acabar siendo una minucia. Los ciudadanos de cinco naciones viven exclusivamente en atolones de coral, y los arrecifes son lo único que hay entre el mar invasor y diez millones de personas. La destrucción de estos arrecifes significaría para muchas naciones del Pacífico lo mismo que para Holanda que se demolieran sus diques.

Uno de cada cuatro habitantes de los océanos pasa al menos una parte de su ciclo vital en los arrecifes de coral. La biodiversidad que allí se encuentra es posible tanto por la compleja arquitectura de los corales, que proporciona muchos sitios donde esconderse, como por la falta de nutrientes de esas aguas claras y tropicales.

Niveles bajos de nutrientes pueden promover una gran diversidad. El mejor ejemplo de esto se encuentra en las planicies arenosas e infértiles de la provincia de El Cabo, en Sudáfrica, donde 8,000 especies de arbustos floríferos coexisten formando una mezcla tan diversa como la de casi todas las pluviselvas.

Los arrecifes de coral son el equivalente marino de la flora de las planicies arenosas de Sudáfrica. Los nutrientes son los archienemigos de los arrecifes de coral, así como las alteraciones que rompen la estructura de los arrecifes, pues cuando esto pasa sólo pueden proliferar unas cuantas especies de malas hierbas —sobre todo algas marinas—.

Cuando Alfred Russel Wallace entró navegando en el puerto de Ambon, en lo que es ahora Indonesia oriental, en 1857, vio:

> [...] una de las cosas más asombrosas y hermosas que he contemplado nunca. El fondo quedaba oculto por una serie ininterrumpida de corales, esponjas, actinias y otras creaciones marinas, de impresionantes dimensiones, formas variadas y colores brillantes. La profundidad variaba entre cinco y siete metros, y el fondo era muy irregular, con rocas y simas, como pequeñas colinas y valles, que ofrecían una gran variedad de estaciones para el desarrollo de esos bosques animales. Entre ellos se movían algunos peces azules, rojos y amarillos, con motas, franjas y rayas de lo más sorprendentes, mientras que unas grandes medusas transparentes naranjas o rosáceas flotaban cerca de la superficie. Era una imagen que se podía contemplar durante horas, y ninguna descripción haría justicia a esa extraordinaria belleza e interés.

Durante la década de 1990 a menudo fui en barco al puerto de Ambon, y sin embargo no vi jardines de coral ni medusas ni peces, ni siquiera el fondo. Lo que vi fue un agua estancada y opaca, llena de vertidos y basura. A medida que me acercaba a la ciudad, la cosa iba a peor, pues me daban la bienvenida heces flotantes, bolsas de plástico y los intestinos de cabras sacrificadas.

El de Ambon no es más que uno de los incontables ejemplos de arrecifes de coral que han sido devastados a lo largo del siglo XX. Hoy en día, la práctica habitual de pescar sin mesura —utilizando incluso explosivos y venenos— amenaza la supervivencia de los arrecifes de coral. Alterar la biodiversidad del arrecife también puede conducir a la irrupción de especies que son una plaga, como la estrella de mar corona de espinas. Otro problema es el vertido de nutrientes procedentes de la agricultura y la contaminación de las ciudades, que ha contribuido a degradar incluso lugares protegidos como la Gran Barrera de Arrecifes de Australia.

Durante el ciclo de El Niño de 1997-1998, cuando ardieron las pluviselvas de Indonesia como nunca antes lo habían hecho, el aire se convirtió durante meses en una espesa nube de humo cargada de hierro. Antes de los incendios, los arrecifes de coral del sudoeste de Sumatra se consideraban entre los más ricos del mundo. Contaban con más de 100 especies de corales duros, entre los que se incluían inmensos ejemplares de más de 100 años de antigüedad. Pero a finales de 1997 apareció una «marea roja» ante la costa de Sumatra. El color era el resultado de la proliferación de unos diminutos organismos que se alimentaban del hierro de las nubes de humo. Las toxinas que produjeron causaron tanto daño que los arrecifes tardarán décadas en recuperarse, si es que lo consiguen.

La nube tóxica que generó El Niño en el sudeste de Asia durante 2002 fue aún más grande que la de 1997-1998 —del tamaño de Estados Unidos—. A esa escala, la nube tóxica puede reducir hasta un 10 por ciento la luz del Sol y calentar la parte inferior de la atmósfera y el océano. La marea roja está devastando las costas desde Indonesia a Corea del Sur, provocando daños tanto en la acuicultura como en los corales. La perspectiva de que los arrecifes de coral del este de Asia se recuperen parece cada vez más remota.

Las altas temperaturas hacen que el coral se decolore. Para comprender este fenómeno tenemos que examinar un arrecife alejado de cualquier interferencia humana, donde sólo el agua pueda perjudicarlo. El arrecife Myrmidon se encuentra bastante lejos de la costa de Queensland, y las únicas personas que lo visitan son los científicos que lo inspeccionan cada tres años. La última vez que fueron, en 2004, parecía que el arrecife «hubiera sido bombardeado». Daba esta impresión porque su cima estaba muy descolorida, revelando un bosque de coral muerto y blanco. Sólo quedaba vida en las pendientes más profundas.

La decoloración del coral ocurre siempre que la temperatura del agua supera cierto umbral. Allí donde el agua caliente se estanca, el coral adquiere una palidez mortal. Si el calor es transitorio, el coral puede recuperarse lentamente, pero cuando el calor persiste, muere. Antes de 1930, casi no se había oído hablar de la decoloración del coral, y siguió siendo un fenómeno a pequeña escala hasta la década de 1970. El Niño de 1998 fue lo que desencadenó su muerte global.

**La Gran Barrera de Arrecifes es el arrecife más vulnerable del mundo al cambio climático. El 42 por ciento de su superficie total se decoloró en 1998 y el 18 por ciento sufrió daños permanentes.**

En el año 2002, cuando se repitieron las condiciones climáticas de El Niño, una piscina de agua caliente de medio millón de kilómetros cuadrados rodeó el arrecife. Esto desencadenó otra extensa decoloración que mató el 90 por ciento de los corales de algunos arrecifes costeros, y dejó el 60 por ciento de la Gran Barrera de Arrecifes afectado. En las escasas zonas donde el agua se mantuvo fría, el coral quedó intacto.

El 2006 amenazaba con ser otro año terrible para el arrecife, hasta que llegó el ciclón Larry. Sacó el suficiente calor del océano como para contrarrestar la decolora-

*Gobiodon* Especie C. Este pequeño pez es nativo de Papúa Nueva Guinea. La destrucción de su hábitat en el arrecife hace que se vea restringido a una sola cabeza de coral.

ción, usando esa energía para impulsar vientos devastadores que dañaron o destruyeron 50,000 hogares en Queensland. Se pagó un precio muy alto para proteger el arrecife, al menos durante un año más.

Una comisión de diecisiete de los principales investigadores de los arrecifes de coral del mundo advirtieron que de aquí al año 2030, se habrá causado un daño catastrófico a los arrecifes del mundo, y que llegado el 2050, incluso los arrecifes más protegidos mostrarán señales de haber sufrido grandes daños.

Según los científicos expertos en corales, un aumento adicional de 1°C en la temperatura global causará la decoloración y muerte del 82 por ciento del coral de la Gran Barrera de Arrecifes; 2°C afectarán al 97 por ciento de ésta; y tras una subida de 3°C estaremos ante una «destrucción completa».

El océano tarda unas tres décadas en absorber el calor acumulado en la atmósfera, así que puede que cuatro quintas partes de la Gran Barrera de Arrecifes sean ya una inmensa zona de muertos vivientes —no hay más que esperar a que el tiempo y el agua caliente rematen la faena—.

Casi con toda seguridad, en los arrecifes del mundo entero se han iniciado ya las extinciones provocadas por el cambio climático, y buen ejemplo de ello es el caso de un diminuto pez que mora en los arrecifes de coral, conocido como *Gobiodon* Especie C. La gran mayoría del hábitat de esta diminuta criatura fue destruido por la decoloración del coral y los impactos adyacentes de El Niño de 1997-1998, y ahora sólo se le puede ver en una extensión de coral de una laguna de Papúa Nueva Guinea.

El indicativo «Especie C» significa que todavía no se le ha dado nombre formalmente, y puede que se extinga antes de que esto suceda. Sin exagerar lo más mínimo, habría que multiplicar la pérdida de este pececillo por mil para hacernos una idea de la cascada de extinciones que se está produciendo en este mismo momento.

Un estudio realizado en 2003 reveló que la superficie de coral vivo se había reducido, en la mitad de la zona de la Gran Barrera de Arrecifes, a menos del 10 por ciento de su extensión original. Se habían observado daños significativos incluso en las partes más sanas. La indignación de la opinión pública provocó que se tomaran medidas políticas, por lo que el gobierno australiano anunció que el 30 por ciento del arrecife sería protegido. Esto implicaba que se prohibiría la pesca comercial y se restringirían drásticamente las demás actividades humanas en la zona recién protegida.

Pero ni la pesca ni los turistas son los responsables de la muerte de la Gran Barrera de Arrecifes. La escalada de emisiones de $CO_2$ sí que lo es. Y los australianos producen más $CO_2$ per cápita que la población de cualquier otra nación de la Tierra.

**Si queremos tener la oportunidad de salvar estas maravillas del mundo natural necesitamos reducir nuestras emisiones de gases invernadero ya mismo.**

# 12. La advertencia del sapo dorado

Hasta este punto de nuestra historia, no hemos conocido ninguna especie de la que podamos afirmar con certeza que se ha extinguido debido al cambio climático. En las regiones donde es probable que haya ocurrido, tales como los bosques de Nueva Guinea y los arrecifes de coral, no hubo ningún biólogo presente para documentarlo. En la Reserva Biológica Bosque Nuboso Monteverde en Costa Rica, Centroamérica, donde se encuentra el Laboratorio para la Conservación del Sapo Dorado, pasa todo lo contrario: hay muchos investigadores.

Poco después de que nuestro planeta atravesara la puerta mágica climática de 1976, los ecologistas que se pasaban la vida llevando detallados estudios de campo en estos bosques prístinos empezaron a observar una serie de acontecimientos bruscos y extraños.

Durante el seco invierno de 1987, las ranas que viven en las musgosas pluviselvas a unos quinientos metros por encima del nivel del mar empezaron a desaparecer. Treinta de las cincuenta especies de rana que se sabía habitaban la zona de estudio de 30 kilómetros cuadrados se desvanecieron. Entre ellas estaba un sapo espectacular del color del hilo dorado. El sapo dorado sólo vivía en la parte superior de las laderas de la montaña. En ciertos momentos del año, un montón de machos resplandecientes se congregaban en torno a los charcos que se formaban en el suelo del bosque para copular.

El sapo dorado fue descubierto y bautizado en 1966, pero los indios lo conocían desde mucho antes. Sus mitos hablan de una misteriosa rana dorada muy difícil de encontrar; aquél que rastree las montañas durante el tiempo necesario para encontrarla obtendrá mucha felicidad. Cuentan sus historias que un hombre encontró la rana pero la dejó marchar porque le pareció que la felicidad era demasiado difícil de soportar. Otro soltó a la criatura porque no reconoció la felicidad cuando la tenía.

Sólo los machos son dorados; las hembras presentan un moteado negro, amarillo y escarlata. Durante gran parte del año es una criatura reservada, y pasa el tiempo en madrigueras construidas entre las musgosas raíces del bosque. Cuando la estación seca da paso a la húmeda en abril-mayo, salen en masa a la superficie durante unos pocos días o semanas. Con tan poco tiempo para reproducirse, los machos luchan entre sí por ocupar un lugar predominante y aprovechan todas las oportunidades que se presentan para copular —aunque sea con la bota de un investigador—.

En su libro *In Search of the Golden Frog (En busca de la rana dorada)*, la experta en anfibios Marty Crump nos cuenta cómo era esta criatura en pleno frenesí copulativo:

> Subo la colina [...] atravieso un bosque de nubes, luego un bosque de árboles enanos. [...] En el siguiente recodo, contemplo una de las imágenes más increíbles que he visto jamás. Allí, congregados alrededor de varios charquitos en la base de árboles enanos sacudidos por el viento, cientos de sapos de un naranja dorado fluorescente están apostados como estatuas, joyas deslumbrantes sobre el barro marrón oscuro.

El 15 de abril de 1987, Crump anotó en su diario de campo una entrada que iba a tener una importancia histórica:

> Vemos una gran mancha de color naranja con patas agitándose en todas las direcciones: una masa de carne de sapo retorciéndose. Al examinarla de cerca descubrimos

que se trata de tres machos luchando por acceder a la hembra que hay en medio. Cuarenta y dos manchas brillantes de color naranja apostadas alrededor del charco son machos sin pareja, alerta ante cualquier movimiento y preparados para saltar. Otros cincuenta y siete machos sin pareja están desperdigados alrededor. En total encontramos 133 sapos alrededor de este charco del tamaño de un fregadero.

El 20 de abril:

Parece que la época de apareamiento ha acabado. Hace cuatro días encontré la última hembra, y poco a poco todos los machos han regresado a sus refugios bajo tierra. El suelo está cada día más seco y los charcos contienen menos agua. Lo que observamos hoy es desalentador. Casi todos los charcos se han secado por completo, dejando huevos secos y cubiertos de moho. Por desgracia, las condiciones climáticas de El Niño todavía afectan a esta parte de Costa Rica.

Como si conocieran el destino de esos huevos, los sapos intentaron engendrar de nuevo en mayo. Que se sepa, aquélla fue la última gran orgía de sapos dorados. A pesar del hecho de que 43,500 huevos fueron depositados en los diez charcos que Crump estudió, sólo 29 renacuajos consiguieron sobrevivir más de una semana, pues una vez más, los charcos se habían secado rápidamente.

Al año siguiente, Crump volvió a Monteverde para la época del apareamiento, pero esta vez las cosas eran distintas. Tras una larga búsqueda, el 21 de mayo localizó un solo macho. En junio, Crump seguía buscando y empezó a preocuparse: «El bosque se ve estéril y deprimente sin los brillantes destellos naranja […] No entiendo qué está pasando. ¿Por qué no hemos encontrado unos cuantos machos esperanzados, recorriendo los charcos con impaciencia?».

Pasó un año antes de que, el 15 de mayo de 1989, se volviera a avistar un único macho. Como se hallaba a tan sólo tres metros de donde Crump había visto el anterior doce meses antes, casi con toda seguridad se trataba del mismo macho.

**Por segundo año consecutivo, llevaba a cabo su solitaria vigilia, esperando la llegada de sus congéneres. Que sepamos, era el último de su especie. El sapo dorado no ha vuelto a verse desde entonces.**

Otras especies de Monteverde también se vieron afectadas. Dos especies de lagartos desaparecieron por completo. Hoy en día, las pluviselvas de la montaña siguen siendo despojadas de sus joyas, pues muchos reptiles, ranas y demás fauna se hacen cada año más escasos. Aunque la Reserva Biológica Bosque Nuboso Monteverde sigue siendo lo bastante verde como para justificar su nombre, está empezando a parecer una corona que ha perdido sus joyas más hermosas.

Los investigadores comenzaron a estudiar los datos de las temperaturas y precipitaciones de la región. Por fin en 1999 anunciaron que habían resuelto el misterio de la desaparición del sapo dorado.

Desde que la Tierra atravesara su primera puerta mágica climática en 1976, habían aumentado los días sin niebla de cada estación seca, hasta llegar a formar series de días sin niebla. Durante la estación seca de 1987, el número de días sin niebla consecutivos superó un umbral crítico. La cuestión es que la niebla trae consigo una humedad vital y su ausencia provoca cambios catastróficos.

Los científicos se preguntaban por qué las nieblas habían abandonado Monteverde. De 1976 en adelante, la parte inferior de las masas nubosas había ascendido hasta quedar por encima del nivel del bosque. Este cambio había sido provocado por el brusco ascenso de las temperaturas de la superficie del mar en la parte central del

Pacífico occidental. El calor del océano había templado el aire, elevando su punto de condensación. En 1987, durante muchos días seguidos, las nubes, cada vez más altas, quedaron por encima del bosque musgoso, dándole sombra pero no humedad. El sapo dorado, al tener la piel porosa y ser propenso a pasear durante el día, se volvió extraordinariamente vulnerable a este nuevo clima más seco.

Siempre es doloroso presenciar la extinción de una especie, pues lo que ves es el desmantelamiento de los ecosistemas y una irreparable pérdida genética. Especies de este tipo tardan cientos de miles de años en evolucionar.

**El sapo dorado es la primera víctima documentada del calentamiento global. Lo hemos matado nosotros, con nuestro uso desmesurado de electricidad generada con carbón y nuestros enormes cochazos, exactamente igual que si hubiésemos allanado su bosque con excavadoras.**

Desde 1976 los investigadores han visto desaparecer ante sus propios ojos varias especies de anfibios sin poder determinar la causa. Los últimos estudios indican que el cambio climático es el responsable de dichas desapariciones.

A finales de la década de 1970, una extraordinaria criatura conocida como la rana incubadora gástrica (*Rheobatrachus silus*) desapareció de los bosques musgosos del sudeste de Queensland. Cuando fue descubierta en 1973, esta rana marrón de tamaño medio asombró a un investigador que miró dentro de la boca abierta de una hembra, ¡y observó que tenía una rana diminuta en la lengua! Los científicos, al igual que la rana, se quedaron boquiabiertos.

No es que la especie fuera caníbal, sino que tenía costumbres singulares a la hora de criar. La hembra se tragaba los huevos fertilizados, sus renacuajos crecían en su

La rana incubadora gástrica criaba sus renacuajos en el estómago, que de alguna manera pasó de ser un órgano digestivo a una incubadora. La especie podría ser la primera víctima australiana del cambio climático.

estómago hasta que se metamorfoseaban en rana, y por fin los regurgitaba para traerlos al mundo.

Cuando se anunció este nuevo método de reproducción, algunos investigadores médicos se mostraron entusiasmados, lo cual es comprensible. ¿Cómo podía la rana transformar su estómago, que es un mecanismo digestivo lleno de ácidos, en una guardería? Pensaban que la respuesta podría ayudarles a tratar algunas dolencias estomacales. Por desgracia, no pudieron llevar a cabo demasiados experimentos, pues en 1979 —seis años después de que el mundo conociera su existencia— la rana incubadora gástrica se extinguió, y con ella otro habitante de los mismos arroyos, la rana diurna (*Taudactylus diurnus*). No se ha vuelto a ver ninguna de las dos especies desde entonces.

A principios de la década de 1990, las ranas comenzaron a desaparecer en masa de las pluviselvas del norte de Queensland. Hoy en día, unas dieciséis especies de ranas —el trece por ciento del total de la fauna anfibia de Australia— ha experimentado un brusco declive. El descenso de las precipitaciones en la costa oriental de Australia durante las últimas décadas no puede haber sido bueno para las ranas. Al menos en el caso de la rana incubadora gástrica y de la rana diurna, parece que la causa más probable de su desaparición sea el cambio climático.

Hoy en día, casi una tercera parte de las más de 6,000 especies singulares de anfibios del mundo está en peligro de extinción. Algunos científicos creen que el hecho de que las charcas sean menos profundas —debido a las condiciones climáticas creadas por El Niño— puede ser crítico. Las enfermedades causadas por hongos también están contribuyendo a muchas extinciones y el cambio climático está alterando las condiciones meteorológicas de forma que los hongos están propagándose.

**El cambio climático parece ser la causa oculta de esta ola de extinción de anfibios.**

# 13. Las precipitaciones

Desde los polos al Ecuador, la Tierra muestra una variedad de temperaturas que van desde los 40°C bajo cero a los 40°C por encima de cero. El aire, a 40°C, puede llegar a contener 470 veces más vapor de agua que el aire a -40°C. Este hecho condena a nuestros polos a ser grandes desiertos helados. Asimismo, explica que por cada grado adicional que provocamos, nuestro mundo experimenta un incremento medio de un 1 por ciento en las precipitaciones.

**Esta lluvia adicional no se distribuye de manera uniforme. Por el contrario, en algunos sitios la lluvia está apareciendo en momentos insólitos, y en otros está desapareciendo.**

En gran parte del mundo, las precipitaciones son más abundantes. Pero que haya más lluvia no es algo necesariamente bueno. A medida que nuestro planeta se caliente, lloverá más en invierno en latitudes altas, convirtiendo la nieve en hielo y en una papilla, lo cual, como hemos visto, puede ser muy malo para los habitantes del Ártico. Más al sur, el aumento de las lluvias invernales también conlleva un cambio inoportuno: en 2003 provocó una temporada letal de avalanchas en Canadá, mientras que la primavera inglesa de 2004 fue tan lluviosa que en muchas regiones fue difícil o imposible cultivar el heno.

**El cambio climático acarreará un déficit permanente de precipitaciones en algunas regiones.**

Algunas regiones quizás se transformen en nuevos Sáharas, o al menos en zonas inhóspitas para la vida humana. A menudo nos referimos a la falta de precipitaciones como «sequía», sin embargo las sequías no duran eternamente. En las zonas que vamos a explorar lo más probable es que la lluvia no regrese nunca. Más bien estamos ante un giro repentino hacia un nuevo clima más seco.

El primer indicio de este cambio surgió en la región africana del Sahel durante la década de 1960. La zona afectada era inmensa —una enorme franja del África subsahariana que se extendía desde el océano Atlántico a Sudán—. Abarca numerosos países entre los cuales se encuentran Senegal, Nigeria, Etiopía, Eritrea y Somalia. Ya han pasado cuatro décadas desde aquel repentino descenso de precipitaciones, y no hay señal alguna de que los monzones, que daban vida a la zona, vayan a regresar.

Incluso antes de ese descenso, el Sahel era una región de lluvias escasas donde la vida era dura. En zonas con mejores suelos y más lluvia, los granjeros se ganaban la vida cultivando la tierra, mientras que, en los desiertos, los camelleros seguían su ronda seminómada en busca de alimento para su ganado.

El descenso de precipitaciones ha hecho que para ambos la vida sea más difícil: los camelleros luchan por encontrar hierba en lo que es ahora un auténtico desierto, mientras que los granjeros casi nunca tienen agua suficiente para dar vida a sus campos. Los medios de comunicación del mundo muestran periódicamente imágenes de estas consecuencias —camellos que mueren de hambre y familias desesperadas pasando apuros en un páramo polvoriento—.

Recuerdo haber visto de niño esas imágenes en televisión, y haber oído que una población cada vez más abundante era la causante de aquella miseria humana. Durante décadas Occidente ha tranquilizado su conciencia diciendo que ese desastre lo habían provocado los propios habitantes de África. Su argumento era que el exceso de pastoreo de camellos, cabras y reses, así como la recogida de leña por parte de la gente, habían destruido la delgada cobertura vegetal de la zona, dejando al descubierto su suelo oscuro y transformando así el albedo de la región. A medida que esta «sequía» provocada por el hombre se prolongaba, el suelo comenzó a ser desperdigado por el viento. Es una interpretación que comparten numerosos ecologistas y trabajadores de ayuda humanitaria; pero es errónea en casi todos los aspectos.

El verdadero origen del desastre del Sahel se reveló cuando unos climatólogos estadounidenses publicaron un laborioso estudio que utilizaba modelos informáticos que simulaban las precipitaciones de la región entre los años 1930 y 2000.

El simulador reveló que la degradación de la tierra causada por el hombre era demasiado insignificante para haber provocado un cambio climático tan drástico. Por el contrario, una sola variable climática era la responsable de la disminución de las lluvias: las temperaturas cada vez más altas de la superficie del mar en el océano Índico, consecuencia de la acumulación de gases invernadero.

**El océano Índico es el océano que más rápidamente se calienta de la Tierra. A medida que se calienta, las condiciones que generan el monzón del Sahel se debilitan. Esto explica por qué el Sahel ha perdido gran parte de sus precipitaciones.**

Hay cada vez más pruebas de que el cambio climático del Sahel podría llegar a influir en el clima de todo el planeta. Alrededor de la mitad del polvo que hay en todo el aire hoy en día se origina en el árido continente africano, y el impacto de su desecación es tan grande que la cantidad de polvo atmosférico del planeta ha aumentado en un tercio. El polvo es materia importante, pues sus diminutas partículas pueden desperdigarse y absorber la luz, disminuyendo así la temperatura. Asimismo, estas partículas transportan nutrientes al océano y a tierras lejanas,

lo que contribuye al crecimiento de las plantas y el plancton, incrementando por tanto la absorción de $CO_2$. Se des-
conoce todavía el impacto exacto que tendrá este incremento de polvo en el clima del mundo, pero no cabe duda
de que será sustancial.

Los ciudadanos del mundo industrializado tienden
a creer que su tecnología los protegerá de desastres a escala saheliana, pero la naturaleza ya se ha ocupado de de-
mostrarles que se equivocan.

Australia es un país seco, y los australianos están ob-
sesionados con la lluvia. El rincón sudoeste de Australia
occidental disfrutó antaño de un régimen de precipitaciones
fiable. Llovía tradicionalmente en invierno, y en algunos
lugares llegaban a caer más de 100 centímetros al año. La
zona se hizo famosa por su producción agrícola. El cin-
turón de trigo occidental era uno de los mayores centros
de producción de grano de todo el continente, con un rendimiento garantizado. Los viñedos se han extendido más
recientemente hacia las zonas más húmedas, y producen
uno de los mejores vinos del hemisferio sur.

Antes de la colonización europea, casi todo el sudoeste
estaba recubierto de una vegetación resistente y espino-
sa parecida al brezo conocida como *kwongan*. Después de
las lluvias de invierno, la región del *kwongan* se transfor-
maba en un inmenso jardín de flores silvestres. Sólo en las
pluviselvas y una región similar del sur de África podemos
encontrar mayor número de especies juntas por hectárea.

Durante los primeros 149 años en que los europeos
habitaron el sudoeste (1829-1975), las infalibles lluvias de
invierno trajeron consigo prosperidad y oportunidades.
La gente eliminó el *kwongan* para obtener tierra de cultivo. Pero a partir de 1976 las cosas cambiaron, y desde
entonces la región ha soportado una disminución de las
precipitaciones del 15 por ciento. Los simuladores climáticos indican que la mitad del descenso es resultado del
calentamiento global, que ha empujado la zona templada hacia el sur.

Los investigadores opinan que la otra mitad es consecuencia de la destrucción de la capa de ozono, que ha enfriado la estratosfera por encima del Antártico. Esto ha acelerado la circulación de aire frío alrededor del polo y empujado la zona de lluvias del sur aún más al sur.

El déficit de lluvia se hizo sentir enseguida en las granjas, sobre todo en los márgenes de la región, donde la variación de unas pocas decenas de milímetros supone ya la diferencia entre una cosecha buena y una desastrosa. En estas zonas el trigo es el cultivo principal, y se produce de una manera poco habitual. En la década de 1960, el objetivo de los granjeros de la parte occidental era arrasar un millón de acres de *kwongan* al año. Cuando los bulldozers terminaron su trabajo, los granjeros se encontraron frente a estériles extensiones de arena —uno de los suelos más infértiles de la Tierra—, pues ahí, al igual que en las pluviselvas, la riqueza natural de la región estaba unida a su vegetación.

Sin embargo, eso es lo que los granjeros estaban buscando. El cultivo de trigo en el sudoeste se convirtió en una versión a escala gigantesca de la horticultura hidropónica: los agricultores sembraban el trigo en sus surcos, espolvoreaban la arena estéril con nutrientes y esperaban a que las infalibles lluvias de invierno aportaran el agua.

En 2004, después de que durante décadas la naturaleza se negara a seguir aportando agua, la región triguera comenzó a desplazarse hacia el oeste, donde reemplazó a la ganadería en una zona antaño considerada demasiado lluviosa para el cultivo. A medida que las condiciones empeoren a lo largo del próximo siglo, el océano Índico se irá convirtiendo en la última barrera de este proceso de rotación: una tras otra, las actividades que precisan precipitaciones elevadas se verán empujadas hacia el mar.

Esta reducción de precipitaciones del 15 por ciento oculta una catástrofe aún mayor: las lluvias de invierno han disminuido en realidad en una proporción mayor, mientras que las lluvias de verano —que son mucho más erráticas— han aumentado. Como las lluvias de verano no son fiables, los granjeros no plantan cultivos de verano, de modo que la lluvia cae en campos pelados, lo que permite que el agua impregne el suelo hasta el nivel freático. Allí, ésta se encuentra con la sal que los continuos vientos del oeste llevan millones de años trayendo del océano Índico.

Bajo cada metro cuadrado de esta tierra hay una media de entre 70 y 120 kilos de sal. Antes de que se asolara el terreno esto no tenía importancia, pues la variada vegetación nativa utilizaba cada gota de agua que caía del cielo y la sal del subsuelo se mantenía en su forma cristalina.

No obstante, a medida que las lluvias de verano comenzaron a caer sobre campos de trigo pelados, un agua mucho más salada que la del mar comenzó a ascender hacia la superficie, matando todo lo que tocaba. El primer indicio de que algo malo ocurría fue el sabor salado del agua antes dulce de los arroyos de la región. En muchos casos sus aguas se tornaron imbebibles, sus orillas se quedaron sin vegetación y al cabo de una década o dos se habían convertido en cursos de agua salados y resecos.

**En la actualidad, los granjeros empobrecidos y en bancarrota del oeste de Australia se enfrentan al peor caso de tierra seca por salinidad del mundo. Ni la ciencia ni el gobierno han sido capaces de ofrecer solución alguna, y el balance de daños asciende a miles de millones de dólares.**

El mismo gobierno australiano admite que la zona del oeste de Australia afectada por la salinidad aumenta al ritmo de un campo de fútbol cada hora. Las carreteras, las vías férreas, las casas y los aeródromos se ven ahora asediados por la sal. A no ser que se reimplante la vegetación original y se impulse su crecimiento en las condiciones más secas y saladas que ahora imperan, parece que la situación es irreversible.

La capital de Australia occidental es Perth, una ciudad sedienta de 1.5 millones de personas y la metrópolis más aislada del mundo. Allí es probable que un taxista sea un agricultor arruinado que se gana la vida como puede mientras intenta vender una granja que ya no sirve para nada. El descenso de las lluvias de invierno también implica una disminución del agua en las zonas de captación de la ciudad. Desde 1975 la lluvia ha tendido a caer en forma de leves chaparrones que empapan el suelo y no llegan a los embalses.

A lo largo del siglo XX, una media de 338 gigalitros anuales solía fluir hacia las presas que saciaban la sed de la ciudad (un gigalitro son 1,000 millones de litros, el equivalente a 500 piscinas olímpicas). Pero entre 1975 y 1996, la media se redujo a 177 gigalitros —lo que representa una disminución del 50 por ciento del suministro de agua de superficie de la ciudad—. Entre 1997 y 2004 esta media cayó a tan sólo 120 gigalitros —poco más de un tercio del flujo de agua que recibía tres décadas antes—.

En 1976 entraron en vigor fuertes restricciones de agua, pero pronto se alivió la situación explotando una reserva de agua subterránea conocida como el Gnangara Mound (montículo de Gnangara). Durante un cuarto de siglo la ciudad extrajo esa agua subterránea, pero la falta de lluvia significaba que su fuente no estaba siendo recargada. En 2001 los depósitos de Perth no recibieron prácticamente lluvia, y en 2004, la situación de Gnangara Mound era crítica. La Autoridad de Protección Medioambiental estatal advirtió que extraer más agua supondría una amenaza de extinción para algunas especies. Hoy en día, la tortuga de los pantanos occidentales, que es un fósil viviente, sobrevive sólo porque se bombea agua en la mitad de su hábitat.

A principios de 2005, casi treinta años después de que se declarara la primera crisis, los expertos en agua de Perth

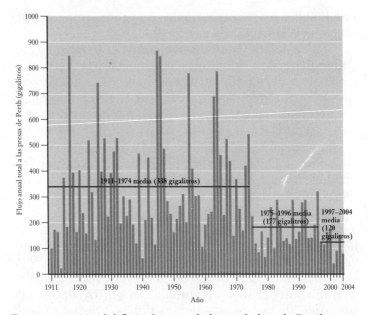

Representación del flujo de agua de los embalses de Perth entre 1911 y 2004. Grandes menguas siguieron a la puerta mágica de los años 1976 y 1988, y la ciudad ha perdido dos tercios de su suministro de agua superficial en los últimos treinta años.

estimaron que las posibilidades de una «falta de suministro catastrófica» —lo que significa que no sale agua del grifo— eran de una entre cinco. En ese caso a la ciudad no le quedaría más remedio que apurar toda el agua que pudiera extraer de Gnangara Mound, con lo que se destruiría gran parte de una antiquísima y maravillosa biodiversidad, y *aun así* la solución seguiría siendo temporal.

Está planificada la construcción de una planta desalinizadora, la mayor del hemisferio sur, con un costo de 350 millones de dólares. Esta planta sacaría agua del océano y le extraería la sal. Este proceso requiere tanta energía que el agua resultante a veces se califica de electricidad líquida, así que es positivo que esté previsto que la planta funcione con energía eólica. No obstante, ésta sólo cubrirá un 15 por ciento del suministro de agua de la ciudad.

La costa oriental de Australia también conoce bien la sequía, aunque el periodo seco que comenzó en 1998 es diferente a cualquiera de los anteriores. Éste ha consistido en siete años de precipitaciones por debajo de la media. Se trata, además, de una sequía calurosa, con temperaturas alrededor de 1.7°C más altas que en sequías anteriores, con lo que es de una hostilidad excepcional. Se cree que el descenso de precipitaciones en la costa oriental de Australia es resultado de un doble golpe asestado por el cambio climático: la pérdida de las lluvias invernales y la prolongación de las condiciones climáticas de El Niño.

Ciudades como Sydney carecen de los recursos de aguas subterráneas de los que disfruta Perth. Lo único que tienen para amortiguar su déficit de precipitaciones son sus embalses, lo que quiere decir que un descenso en el agua de los ríos se traduce enseguida en una carestía de agua. La provisión de agua doméstica de Sydney es una de las más grandes del mundo, capaz de almacenar cuatro veces la provisión de agua per cápita de Nueva York, y nueve veces la de Londres.

No obstante, incluso esta capacidad de almacenamiento ha resultado ser insuficiente. Entre 1990 y 1996, el flujo medio que alimenta los once embalses de Sydney era de 72 gigalitros al mes. Pero en 2003, éste se redujo a sólo 40 gigalitros, un descenso del 44 por ciento. La situación de hoy sigue siendo crítica. Sydney tiene almacenada, para sus cuatro millones de habitantes, una provisión de agua que cubre a duras penas las necesidades de dos años.

**Apenas quedan ciudades en Australia que no tengan que enfrentarse a algún tipo de crisis de agua.**

Al otro lado del océano Pacífico, parte del oeste de Estados Unidos está viviendo ya su sexto año consecutivo de sequía. No se habían visto condiciones tan secas en la región en los últimos 700 años, a pesar de que el sudoeste americano era antes más caluroso todavía de lo que es hoy. Esto sugiere que existe relación entre la sequía y unas condiciones más cálidas. Al igual que ocurría con el Sahel, el nexo parece estar en el ascenso de las temperaturas de los océanos.

Los medios de comunicación a menudo describen las condiciones de sequía de la zona oeste de Estados Unidos como parte de un ciclo natural. Pero el hecho es que los cambios son idénticos a los provocados teóricamente por un calentamiento global, así como a aquéllos observados con anterioridad durante épocas calurosas del pasado. El cambio climático tiene el potencial para extender la sequía a casi cualquier lugar del planeta.

Gran parte del agua del sudoeste de Estados Unidos llega en forma de nieve que se acumula en las altas montañas durante el invierno. Como se derrite en primavera y verano, proporciona agua a los ríos cuando más la necesitan los granjeros. De hecho, la nieve acumulada ha proporcionado desde siempre una forma barata de almacenar agua, reduciendo al mínimo la necesidad de embalses. Aunque la cantidad de nieve que cae varía de año en año, durante los últimos cincuenta años la cantidad media de nieve recibida ha descendido.

Si esta tendencia se mantiene durante otras cinco décadas, la nieve acumulada se reducirá hasta un 60 por ciento en algunas regiones, lo que podría rebajar a la mitad el agua que fluye por los ríos en verano. Esto tendrá efectos devastadores no sólo para las reservas de agua, sino también para la energía hidroeléctrica y los hábitats de los peces.

A lo largo de los últimos cincuenta años, la región del sudoeste se ha calentado unos 0.8ºC —ligeramente más que la media global—. Esto ha reducido la nieve acumulada, pues las altas temperaturas la derriten antes de que pueda consolidarse. En general, la nieve acumulada se está derritiendo antes, lo que significa que el punto culminante de licuación se está produciendo tres semanas antes que en 1948.

El resultado es que hay menos agua durante la canícula, cuando más se necesita, pero más flujo en los ríos durante el invierno y la primavera, lo que puede causar más inundaciones. A menos que reduzcamos de manera significativa las emisiones de $CO_2$, se prevé que las temperaturas en la región aumentarán entre 2°C y 7°C a lo largo de este siglo. Si no hacemos nada al respecto, la mayoría de los cauces de agua acabarán manando en invierno, cuando menos se necesita el agua.

**Puede que mucha gente diga: «¿Y qué? Construiremos más embalses y ya está».**

Y puede que, si la crisis se agudiza, eso sea exactamente lo que hagan. Pero en la región existe un número limitado de lugares donde construir embalses, lo cual, por otra parte, significa que los agricultores tendrán que pagar por almacenar un agua que antes la naturaleza les daba gratis. Además, los cambios que están en proceso son tan grandes que ni siquiera un nuevo programa de construcción de embalses bastaría para contrarrestarlos. Los investigadores predicen que los cambios en la nieve acumulada podrían hacer bajar el valor de las granjas un 15 por ciento, con el consiguiente costo de miles de millones de dólares.

No obstante, el problema más grave seguramente lo tienen las ciudades del oeste de Estados Unidos, condenadas a un suministro de agua cada vez menor. Estas inmensas metrópolis son imposibles de trasladar, pero como ocurrió antaño con las antiguas ciudades de Mesopotamia, algunas de ellas podrían tener que abandonarse si el ritmo del cambio climático se acelera. Esto puede parecer un poco extremo, pero conviene recordar que tan sólo estamos al inicio de la crisis del agua en Occidente.

Hace 5,000 años, cuando el sudoeste de Estados Unidos era incluso algo más caluroso y seco que ahora, las culturas indias que habían florecido en esta región prácticamente desaparecieron. Cuando las condiciones se enfriaron de nuevo, por fin la región volvió a ser habitable. Durante más de un milenio, el sudoeste fue como un gran pueblo fantasma.

# 14. Un tiempo extremo

En 2003 los climatólogos anunciaron que, en cuestión de pocos años, la tropopausa (la frontera entre la troposfera y la estratosfera de la atmósfera) había ascendido varios centenares de metros. La causa de este cambio se debía en parte al calentamiento y expansión de la troposfera debidos a los gases invernadero, y en parte al enfriamiento y contracción de la estratosfera debidos a la reducción de la capa de ozono.

¿Por qué debería preocuparnos este pequeño ajuste que ocurre a once kilómetros por encima de nuestras cabezas?

Por la mismísima razón de que los climatólogos están empezando a comprender que en la tropopausa es donde se genera gran parte de nuestro tiempo meteorológico. Si la transformas, no sólo cambias las pautas meteorológicas, sino también los fenómenos climáticos más extremos.

**No cabe duda de que los fenómenos meteorológicos extremos están siendo cada vez más frecuentes.**

He aquí una muestra de acontecimientos de estos últimos años: el ciclo de El Niño más intenso que se ha registrado nunca (1997-1998), el huracán más letal de los últimos 200 años (Mitch, 1998), el verano europeo más caluroso del que tengamos constancia (2003), el primer huracán ocurrido en el Atlántico Sur (2002), inundaciones sin precedentes en Mumbai, India (2005), las peores estaciones tormentosas ocurridas nunca en Estados Unidos (2004), el huracán más devastador de nuestra historia desde un punto de vista económico (Katrina, 2005), y Mónica, el ciclón más intenso jamás documentado en Australia (2006).

**¿Cómo puede hacer el calentamiento global que los huracanes y los ciclones sean más intensos? La respuesta está en el calentamiento de los océanos y en la capacidad de un aire más caliente de conservar mayor cantidad de vapor de agua —el carburante que alimenta estas tormentas extremas—.**

Pensemos en cómo sudamos en un día caluroso, y en cómo, a medida que nuestro sudor se evapora, transmite el calor de nuestro cuerpo al aire. Esta forma de transferencia del calor es tremendamente eficiente, pues la evaporación de un gramo de agua de nuestra piel es suficiente para transferir 580 calorías de calor.

Pensemos ahora en la diferencia de escala entre nuestro cuerpo y la totalidad del océano, y nos daremos cuenta de la increíble potencia que esa energía derivada de la evaporación le transfiere a la atmósfera.

Así pues, el agua caliente puede calentar el aire. Y el aire calentado por el cambio climático puede aguantar una cantidad de calor adicional determinada. Por cada 10°C de aumento en la temperatura del aire, se duplica la cantidad de vapor de agua que éste puede contener; de este modo, el aire que está a 30°C puede contener cuatro veces más «combustible de huracanes» que el aire que está a 10°C.

Quizá el cambio más notable en los huracanes desde 1950 —cuando el calentamiento global comenzó a sentirse— sea un cambio en su trayectoria. Uno de los ejemplos mejor documentados nos llega desde el este de Asia. La frecuencia de los tifones que asolaban China oriental y los mares de Filipinas ha disminuido desde 1976, pero el número de tifones en el sur del mar de China ha aumentado.

Más hacia el oeste, en el mar Arábigo y en la bahía de Bengala, ha habido menos tifones —una buena noticia para los millones de personas que viven a nivel del mar en esas regiones—. También se han observado cambios notables en latitudes altas del hemisferio sur, donde se han dado, por una parte, un drástico descenso en el número de ciclones que se producen en el océano sub-Antártico, al sur de la latitud 40, y por otra, un modesto incremento en el océano Antártico.

Hay indicios inquietantes de que los huracanes se están haciendo más frecuentes en América del Norte. En 1996, 1997 y 1999, Estados Unidos sufrió más del doble de huracanes que los experimentados anualmente a lo largo del resto del siglo xx. Y si los huracanes de 1998 no fueron tan abundantes, compensaron la escasez con su intensidad.

El huracán Mitch asoló el Caribe en octubre de 1998, dejando tras de sí 10,000 muertos y 3 millones de personas sin hogar. Con vientos de hasta 290 kilómetros por hora, Mitch es el cuarto huracán más intenso de la cuenca Atlántica del que se tenga constancia. Asimismo, es la tormenta más mortífera que ha golpeado las Américas en los últimos 200 años; sólo el Gran Huracán de 1780 le superó en impacto: mató al menos a 22,000 personas.

Las tormentas regresaron con ganas en 2004: cuatro importantes tormentas tropicales cruzaron en rápida sucesión la costa de Florida, devastando grandes zonas del estado. Muchos de los hogares dañados por estas tormentas siguen siendo inhabitables.

En septiembre de 2005, el huracán Katrina irrumpió en Nueva Orleans y cambió la historia del clima. A continuación Rita sacudió el estado de Texas y la gente empezó a preguntarse si estas gigantescas máquinas de destrucción no estarían generadas por el cambio climático.

Como hacen todos los huracanes, Katrina empezó siendo una tormenta eléctrica, que en este caso se inició en las aguas cálidas al filo de las Bahamas. Luego se convirtió en una tormenta tropical, un grupo de tormentas eléctricas que forman un círculo hasta que desarrollan un vórtice.

Las tormentas tropicales se intensifican hasta tornarse en huracanes únicamente allí donde la temperatura de la superficie del océano es igual o superior a 26°C. Esto se debe a que el agua caliente del mar se evapora muy rápido, surtiendo el volumen de carburante —vapor de agua— necesario para poner en marcha el huracán.

Los huracanes se clasifican del uno al cinco de acuerdo con la escala Saffir-Simpson. Los huracanes de categoría uno no tienen aliento suficiente para causar verdaderos daños a la mayoría de los edificios, pero pueden llegar a generar olas de metro y medio, inundar las costas y dañar los edificios de construcción endeble.

Los huracanes de categoría tres son más peligrosos. Generan vientos de entre 180 y 210 kilómetros por hora, y pueden destruir casas prefabricadas y dejar a los árboles sin hojas.

En cuanto a los huracanes de categoría cinco, eso ya es otra historia. Cuando tocan tierra, sus vientos de 250 kilómetros por hora se aseguran de que no quede ni un solo árbol o matorral en pie. Tampoco deja demasiados edificios ilesos. Olas de cinco metros y medio alcanzan la costa unas cuatro horas antes de que golpee el ojo del huracán, así que las inundaciones son mucho más extensas y las carreteras se obstruyen, impidiendo que la gente evacue la zona.

Cuando Katrina atacó Florida el 25 de agosto era una tormenta de categoría uno con vientos de una velocidad de 120 kilómetros por hora. Katrina mató a once personas en Florida. Los huracanes suelen apagarse a su paso por tierra firme, pero de alguna forma, Katrina sobrevivió al tránsito de la península de Florida y reapareció, el 27 de agosto, en el golfo de México.

Durante el verano de 2005 las aguas de superficie de la parte septentrional del Golfo estaban excepcionalmente calientes —alrededor de 30°C—. Esto es demasiado caliente para disfrutar de un baño. No es probable que grandes extensiones de agua de mar lleguen a calentarse

El huracán Katrina, de categoría cinco, según se acerca a la costa americana. Tuvo un impacto devastador en Nueva Orleans. Un huracán de este tipo puede generar olas de hasta 15 metros de altura, mareas de 6 metros y 2,000 millones de toneladas de lluvia al día.

más que eso, y como las aguas del Golfo son profundas, aquello era un gran depósito de calor. Durante los cuatro días en que atravesó las aguas del Golfo, Katrina creció y creció hasta alcanzar la categoría cinco.

Para cuando Katrina estuvo cerca de Nueva Orleans, había remitido y era una tormenta de categoría tres cuyo ojo pasó a cincuenta kilómetros al este de la ciudad. Por lo tanto, cuando golpeó, Katrina no era ni mucho menos la más violenta de las tormentas, y ni siquiera azotó directamente la ciudad. Aun así, su impacto fue catastrófico.

Medio millón de personas vivía en la ciudad, gran parte de la cual estaba situada a varios metros por debajo del nivel del mar —un factor clave para su vulnerabilidad—. Los diques que contenían las aguas del río Misisipí y el lago Pontchartrain se construyeron pensando en un clima más suave y no pudieron soportar el impacto de un huracán. Durante la última década había ido en aumento el número de huracanes de gran potencia, así que se sabía que la destrucción de la ciudad sólo era una cuestión de tiempo. En octubre de 2004, *National Geographic* publicó un artículo en el que explicaba a grandes rasgos los peligros, y en septiembre 2005, la revista *Time* volvió a hacer hincapié en ellos.

Demasiadas cosas fueron mal en Nueva Orleans: la pobreza, un alto índice de tenencia de armas, la corrupción e incompetencia oficiales, todo ello combinado para obstaculizar los esfuerzos de ayuda a los damnificados. A esto vino a añadirse la contaminación industrial liberada por el oleaje y los fuertes vientos. En una región que refina petróleo y abastece a gran parte de Estados Unidos, era inevitable que hubiera algún vertido. Katrina inundó muchas de las 140 plantas petroquímicas que componen el «pasillo del cáncer» del estado de Luisiana. A su paso por Texas, el corazón de la industria petroquímica estadounidense, Rita magnificó estos destrozos.

Todo esto nos enseña que el hecho de que un huracán en particular tenga impactos más o menos devastadores no está relacionado con el cambio climático. El azar es el único responsable de que Katrina fuera más o menos potente, de que golpeara a cincuenta o a ciento cincuenta kilómetros de la ciudad, o de que lo hiciera una semana antes o una semana después.

Sin embargo, hay pruebas suficientes de que el calentamiento global está cambiando las condiciones de la atmósfera y de los océanos de tal forma que los huracanes serán todavía más destructivos en el futuro.

Los científicos han comprobado que la energía total que liberan los huracanes en el mundo ha aumentado un 60 por ciento en las dos últimas décadas, y que los huracanes más potentes se alimentan, a su vez, de más energía.

**Desde 1974 se ha duplicado la cantidad de huracanes de categorías cuatro y cinco. Éstos duran más tiempo y se está dilatando la temporada de huracanes. Hoy en día no tenemos huracanes durante el invierno porque el mar está demasiado frío. En un mundo más cálido esto no será necesariamente así.**

Los huracanes y los ciclones dirigen nuestra atención hacia el cambio climático como pocos fenómenos naturales lo consiguen. Tienen el potencial de causar mucho más daño y de matar a mucha más gente que el peor ataque terrorista imaginable. Vivir con un riesgo cada vez mayor de que se produzca semejante destrucción debería servirnos de recordatorio: el precio a pagar por no combatir el cambio climático es extremadamente alto.

Tras los huracanes vienen las inundaciones. Como el aire más caliente puede contener más vapor de agua, esto aumenta la incidencia de fuertes inundaciones, y se espera que siga haciéndolo en el futuro. En el verano de 2002, dos quintas partes de las precipitaciones anuales de la República de Corea cayeron en una sola semana y causaron tal destrucción que la nación tuvo que movilizar sus tropas para ayudar a las víctimas. Al mismo tiempo, China padeció riadas de magnitud histórica, con 100 millones de personas afectadas.

El aumento de los daños por inundaciones en las últimas décadas ha sido enorme. En la década de 1960 unos 7 millones de personas se vieron afectadas cada año por las riadas. Hoy en día la cifra es de 150 millones. Y después de las inundaciones vienen las epidemias. El cólera aparece en aguas estancadas y contaminadas, y proliferan los mosquitos que propagan la malaria, la fiebre amarilla, el dengue y la encefalitis. Incluso la peste puede beneficiarse de la perturbación, pues las pulgas, las ratas y los humanos viven en mayor proximidad a medida que se apiñan en terrenos más elevados.

Por otra parte, el Reino Unido ha experimentado un aumento significativo de fuertes tormentas invernales, una tendencia que, según predicen los científicos, continuará. Esto está relacionado con el hecho de que el clima es más cálido: la década de 1990 fue la más calurosa en el centro de Inglaterra desde que se comenzaron a registrar las temperaturas en la década de 1660. La temporada de crecimiento de las plantas es ahora un mes más larga, las olas de calor son más frecuentes y los inviernos más lluviosos, con precipitaciones más intensas.

En el continente han ocurrido hechos más alarmantes. El verano europeo de 2003 fue tan caluroso que, desde el punto de vista estadístico, un fenómeno meteorológico tan desmesurado no debería ocurrir más que una vez cada 46,000 años. La ola de calor fue tan extrema que murieron 30,000 personas durante los meses de junio y julio, cuando las temperaturas superaron los 40°C en gran parte de Europa. Las olas de calor matan a un gran número de gente cada año en todo el mundo; incluso en Estados Unidos, donde el clima es más bien turbulento, las muertes relacionadas con el calor superan a aquéllas causadas por todos los demás fenómenos climáticos juntos.

Estados Unidos ya posee el clima más variado de todos los países de la Tierra, pues padece más tornados devastadores, riadas, intensas tormentas eléctricas, huracanes y tormentas de nieve que ningún otro lugar. Si se tiene en cuenta que la intensidad de estos fenómenos irá en aumento a medida que se caliente nuestro planeta, puede que la población de Estados Unidos tenga más que perder con el cambio climático que ninguna otra nación importante.

Como hemos podido ver con el brusco descenso de sus precipitaciones, Australia también está sufriendo el impacto del cambio climático: tormentas violentas, un número cada vez mayor de días muy calurosos, un aumento de las temperaturas nocturnas, una disminución de los días muy fríos y un descenso en la incidencia de las heladas.

Algunas regiones, como la que rodea Alice Springs, en Australia central, han experimentado un aumento de las temperaturas de más de 3°C a lo largo del siglo XX. Asimismo se ha incrementado la incidencia de ciclones intensos, así como de inclementes sistemas de bajas presiones en el sudeste de Australia. También ha aumentado la frecuencia de las riadas, sobre todo desde la década de 1960.

**Es difícil encontrar dos naciones que hayan sido más perjudicadas por el cambio climático que Estados Unidos y Australia.**

Algunas regiones del mundo, en cambio, han registrado pocas variaciones hasta ahora. En la India, con la excepción de Gujarat y Orissa occidental, hay menos sequía que hace veinticinco años. La región del noroeste es la única que experimenta un aumento destacado del número de días extremadamente calurosos: allí las olas de calor se cobran muchas vidas. Y en 2005 las lluvias monzónicas y las tormentas en Mumbai y las regiones de alrededor, de una magnitud sin precedentes, provocaron inundaciones devastadoras e inutilizaron el yacimiento de gas situado en alta mar frente a las costas de Mumbai.

Uno de los impactos directos del calentamiento global que sí se está dejando sentir en todos los continentes por igual es que todos ellos se están encogiendo. Esto se debe, por supuesto, a que por cortesía del calor y del hielo derretido, los océanos se están expandiendo. ¿Supone esto una amenaza para la humanidad? ¿Hasta qué punto pueden subir las aguas, y a qué velocidad?

# 15. La subida de las aguas

La cuna de nuestra especie probablemente fue la región africana del Gran Valle Rift, donde nuestros ancestros aprovecharon la abundancia de peces, conchas, aves y mamíferos. Desde entonces hemos buscado vivir cerca del agua, pues ésta trae consigo seres vivos de aquí y de allá. Si uno acampa cerca de una charca, tarde o temprano los animales vendrán a beber. De manera instintiva, nuestra especie ha preferido siempre vivir con vistas al agua, y en especial a una playa, un lago o un prado segado al ras, como si animales de gran tamaño hubieran pastado en él. Los agentes inmobiliarios conocen perfectamente nuestras preferencias a la hora de comprar una casa y saben cuánto estamos dispuestos a pagar por ella.

**Dos de cada tres personas que habitan la Tierra viven a menos de ocho kilómetros de la costa. Sin embargo, en nuestro subconsciente, sabemos que las aguas pueden inundar la tierra, reduciendo a la nada el valor de una propiedad adquirida con gran esfuerzo.**

Hace 15,000 años, los océanos estaban al menos 100 metros por debajo del nivel actual. América del Norte era entonces un auténtico imperio de hielo, cuyo volumen de agua helada superaba incluso el del Antártico. A medida que los grandes casquetes de hielo de Norteamérica se derretían, liberaron agua suficiente para aumentar 74 metros el nivel global de los mares.

El mar ascendió rápidamente hasta hace unos 8,000 años, cuando alcanzó su nivel actual y las condiciones se estabilizaron. Por todo el mundo la gente vio cómo subían las aguas, a veces tan deprisa que la costa cambiaba de un año para otro. Hoy en día, el más leve aumento del nivel del mar sería desastroso, tanto en Manhattan como en la bahía de Bengala, pues la población humana que habita las costas es muy densa.

Aunque no está relacionado con el cambio climático, el catastrófico *tsunami* ocurrido en Asia en 2004 nos da una idea de lo devastadora que sería la combinación de un aumento del nivel del mar y una atmósfera turbulenta. Holanda ya está proyectando la construcción de un superdique que pueda salvar sus tierras del océano invasor. Y la barrera del Támesis que protege Londres de una marea desastrosa está siendo reforzada. Pero muchísimos millones de personas más viven junto al mar —algunas en propiedades de lujo, otras en humildes pueblos— sin protección alguna. Sólo en Bangladesh, más de diez millones de personas viven a menos de un metro por encima del nivel del mar. La última vez que el mundo estuvo tan caliente como se prevé que lo estará en el 2050, el nivel del mar estaba cuatro metros más arriba que el nivel actual.

Todo lo que queda hoy en día de los grandes casquetes de hielo del hemisferio norte es la placa de hielo de Groenlandia, el mar helado del océano Ártico y unos cuantos glaciares continentales. Después de 8,000 años, estos restos están comenzando hoy a derretirse. El espectacular glaciar Columbia de Alaska ha retrocedido doce kilómetros en los últimos veinte años; y en unas pocas décadas no quedarán glaciares en el Parque Nacional Glacier de Estados Unidos. Glaciares como éstos sólo contienen suficiente agua para alterar el nivel del mar unos pocos centímetros.

El casquete de hielo de Groenlandia, sin embargo, es un auténtico vestigio de las cúpulas de hielo tan grandes como continentes que debieron de conocer los mamuts. Contiene agua suficiente para subir el nivel global de los mares unos siete metros. En el verano de 2002, este casquete de hielo encogió la cifra récord de un millón de kilómetros cuadrados —el mayor descenso de que se tiene constancia—. Dos años después, en 2004, se descubrió que los glaciares de Groenlandia se estaban derritiendo diez veces más rápido de lo que se había pensado en un principio.

**Y las noticias son cada vez peores. En 2006, se publicó un informe que indicaba que los glaciares de Groenlandia estaban derritiéndose, en realidad, el doble de rápido de lo que se pensaba en 2004.**

Quizá te sorprenda saber que las temperaturas permanecen frías —de hecho bajan cada vez más— en las partes más altas de las cúpulas heladas tanto de Groenlandia como del Antártico. Éstos son los únicos lugares de la Tierra donde se están dando importantes tendencias a la baja de las temperaturas. Resulta un consuelo, pues según un estudio, si el casquete de hielo de Groenlandia llegara a derretirse, sería imposible regenerarlo, aun cuando el $CO_2$ atmosférico de nuestro planeta se restableciera a niveles preindustriales.

La mayor extensión de hielo en el hemisferio norte es el hielo que cubre el mar polar, y de 1979 en adelante, su extensión durante el verano se ha contraído un 20 por ciento. Además, la capa de hielo que queda es mucho más fina. Las mediciones llevadas a cabo con submarinos revelan que sólo tiene un 60 por ciento del espesor de hace cuatro décadas. Este prodigioso derretimiento, sin embargo, no tiene repercusión directa sobre la subida de los mares, como tampoco la tiene el cubito de hielo al derretirse dentro de una bebida sobre el nivel de líquido del vaso.

Esto es así porque el casquete de hielo Ártico es mar helado, nueve décimas partes del cual están sumergidas. Cuando se derrite, se condensa en agua en la proporción exacta en que antes sobresalía del mar.

**El hielo de la tierra es el único que, al derretirse y verterse al mar, hace que éste aumente de nivel.**

Aunque el derretimiento de los mares helados no tenga consecuencias directas, sus efectos indirectos son importantes. Si se mantiene la misma pauta que observamos hoy, en el verano del 2030 no quedará prácticamente nada del casquete de hielo del Ártico, lo que cambiará de forma significativa el albedo de la Tierra.

Recordemos que una tercera parte de los rayos de Sol que llegan a la Tierra son reflejados de nuevo al espacio. El hielo, sobre todo en los polos, es responsable de gran parte de ese albedo, pues devuelve al espacio el 90 por ciento de la luz solar que incide en él.

El agua, por el contrario, es muy poco reflectante. Cuando tiene el Sol justo encima, el agua refleja al espacio apenas un 5 o 10 por ciento de la luz. La cantidad de luz que el agua refleja aumenta, sin embargo, a medida que el Sol se acerca al horizonte, como puede observarse al contemplar una puesta de Sol en el mar. Si el hielo del Ártico es sustituido por un océano oscuro, la superficie de la Tierra absorberá más rayos de Sol y los volverá a irradiar en forma de calor. Estaremos ante un ejemplo clásico de circuito de retroalimentación positiva: se creará un calentamiento local que acelerará a su vez el derretimiento del hielo continental restante.

En los últimos 150 años, los océanos han ascendido de 10 a 20 centímetros, lo que equivale a 1.5 milímetros por año —cien veces más lento que el ritmo al que nos crece el pelo—. Durante las dos últimas décadas del siglo XX, sin embargo, la velocidad a la que ha aumentado el nivel del mar se ha duplicado y es ahora de 3 milímetros por año.

Los científicos están preocupados por la aceleración de este aumento, pues el mar es la mayor fuerza de nuestro planeta. Cuando los movimientos que hay en su interior toman un cierto impulso, ni todo el empeño de todas las personas de la Tierra puede hacer nada para frenarlo. Los océanos, por supuesto, son inmensos comparados con la atmósfera: su masa es 500 veces mayor y son más densos.

**De modo que cuando pensamos en cómo la atmósfera transforma los océanos, hemos de imaginar una especie de Volkswagen Escarabajo empujando un tanque cuesta abajo. Cuesta trabajo conseguir que el monstruo se mueva, pero una vez que empieza, poco puede hacer el Escarabajo para alterar la trayectoria del tanque.**

Cuando el planeta se calienta, las capas superficiales del océano tardan unas tres décadas en absorber el calor de la atmósfera, y hacen falta 1,000 años o más para que el calor alcance las profundidades oceánicas. Desde la perspectiva del calentamiento global, los océanos aún están viviendo en los años setenta.

A pesar de todo, la superficie de los océanos está aumentando de temperatura, como también lo están haciendo, de forma muy marcada, sus profundidades. La mala noticia es que no podemos hacer nada para evitar esta lenta transferencia de calor del aire al mar.

Cuando pensamos en la subida del nivel de los mares, la mayoría de nosotros imaginamos los glaciares derritiéndose y los casquetes de hielo vertiéndose en los océanos. Pero los océanos tienen otra manera de crecer. A lo largo del siglo pasado, gran parte del aumento del nivel de los mares ha procedido de la expansión de los océanos, pues el agua caliente ocupa más espacio que la fría.

**Se espera que esta «expansión termal» de los océanos aumente el nivel de los mares entre 0.5 y 2 metros en los próximos 500 años.**

Desde la Antártida nos llegan las noticias más alarmantes con respecto al hielo derretido. En febrero de 2002, la barrera de hielo Larsen B —que con sus 3,250 kilómetros cuadrados era del tamaño de Luxemburgo— se desintegró en cuestión de semanas. Los científicos sabían que la península Antártica se estaba calentando más rápido que cualquier otro lugar de la Tierra; aun así la desintegración de Larsen B fue tan rápida y repentina que muchos se quedaron fuertemente impresionados.

¿Por qué se desprendió Larsen B? El derretimiento simultáneo de sus partes superior e inferior durante el verano, debido al calentamiento de la atmósfera por un lado y del océano por otro, había debilitado y agrietado la plataforma de hielo. Pero el factor más importante es que el hielo se había derretido desde abajo. Aunque las aguas profundas del mar de Weddell, que fluyen junto al hielo, seguían siendo lo bastante frías como para matar a una persona en cuestión de minutos, se habían calentado 0.32°C desde 1972. Este cambio era más que suficiente para iniciar la licuación.

Los científicos están convencidos de que en algún momento de este siglo se desintegrará el resto de la barrera de hielo Larsen, pero para entonces nuestra atención estará centrada en el destino de masas de hielo mucho más grandes. La primera en la que nos fijemos probablemente sea la planicie de hielo Amundsen, una extensa área de mar helado situada frente a la costa del Antártico occidental. Los investigadores de la NASA han descubierto que grandes fragmentos de la planicie de hielo son ya tan finos que podrían «desamarrarse» del fondo del océano, salir flotando y desintegrarse como Larsen B. El momento fatídico para Amundsen podría ser tan pronto como el año 2009.

En 2002 los glaciares que alimentaban Amundsen habían aumentado su ritmo de vertido, alcanzando los 250 kilómetros cúbicos de hielo anuales —lo bastante como para elevar el nivel global de los mares 0.25 milímetros por año—. Hay suficiente hielo en los glaciares que alimentan el mar de Amundsen como para aumentar el nivel global de los mares 1.3 metros.

La placa de hielo del Antártico occidental está también endeblemente anclada al fondo de un mar poco profundo. Es una de las mayores extensiones de mar helado que aún perduran en el mundo. Si se separara hoy del fondo del mar, para el año 2100 habría incrementado entre 16 y 50 centímetros el nivel del mar. Y peor aún, los glaciares que lo alimentan se acelerarían, aumentando así todavía más el nivel de los mares. En total, los 3.8 millones de kilómetros cúbicos de mar helado y de hielo proveniente de los glaciares que en la actualidad están siendo contenidos por la placa de hielo del Antártico occidental, tienen agua suficiente como para elevar el nivel global de los mares seis o siete metros.

Hay algo positivo en todo esto. Se espera que el incremento de precipitaciones en los polos acarree más nieve en lo alto del casquete de hielo antártico, lo que podría compensar la pérdida de hielo de los márgenes del continente; ahora bien, hasta qué punto y durante cuánto tiempo puede compensarla es algo que desconocemos.

**Los científicos expertos en el clima debaten ahora si los humanos han accionado ya el interruptor que hará de la Tierra un planeta sin hielo. Si es así, habremos condenado al planeta y a nosotros mismos a una subida del nivel del mar de 67 metros aproximadamente.**

La mayor parte de este incremento de las aguas no ocurrirá hasta después de 2050, sin embargo los científicos están cada vez más preocupados por subidas considerables en un futuro próximo. En 2001, la mayoría de los expertos hablaba de un incremento de diez centímetros a lo largo de este siglo. Pero en 2004, científicos respetables predijeron un aumento de 3 a 6 metros en el nivel de los mares a lo largo de uno o dos siglos, y en 2006, el doctor James Hansen, uno de los climatólogos más eminentes de Estados Unidos, vaticinaba que se produciría una subida de 25 metros de aquí a pocos siglos.

Al derretirse, los polos podrían abrir un paso por el norte para el tráfico marítimo, pero ¿habrá algún puerto en funcionamiento para recibir los barcos de carga?

De todos los servicios gratuitos que nos ofrece un clima estable, el que más frecuentemente damos por hecho es un nivel del mar constante. Piensa en la ciudad en la que vives o en cualquier población al borde del mar. ¿Puedes imaginar cuánto esfuerzo y recursos habría que dilapidar para intentar proteger la propiedad en caso de que el mar empezara a crecer precipitadamente? No quedaría ni tiempo ni dinero para invertir en ninguna otra cuestión apremiante. Si no actuamos pronto para estabilizar nuestro clima, probablemente vivamos lo suficiente para ver cómo pueblos, suburbios y ciudades enteras son engullidos por el mar.

# Tercera parte:
# La ciencia
# de la predicción

# 16. Simulaciones del mundo

La herramienta básica en la predicción del cambio climático es un modelo de simulación por computadora de la superficie de la Tierra y de los procesos que allí se producen. Los científicos cambian las variables, lo que les permite ver, por ejemplo, cómo reaccionaría nuestro clima si se duplicara el $CO_2$ de la atmósfera, o cómo afecta al clima el agujero de la capa de ozono.

Hoy en día hay unos diez modelos computacionales distintos que simulan la manera en que se comporta la atmósfera hoy en día, e intentan predecir cómo lo hará en el futuro. Los más sofisticados se hallan en Inglaterra, California y Alemania.

El Centro Hadley de investigación y predicción climática en Inglaterra tiene el aspecto de una catedral moderna de investigación del cambio climático. El nuevo edificio, terminado en 2003, se alza a gran altura, y es una elegante amalgama de cristal y acero diseñada para minimizar el uso de energía y el impacto sobre el medio ambiente. En este complejo, más de 120 investigadores luchan por reducir la incertidumbre de las predicciones mediante simuladores cada vez más sofisticados que imitan el mundo real.

Si nuestro planeta fuera una esfera negra y uniforme, la gente del Centro Hadley se vería enfrentada a una fácil tarea, pues al duplicarse la cantidad de $CO_2$ de la atmósfera se elevaría 1°C la temperatura de la superficie de nuestra hipotética esfera tiznada. Pero la Tierra es azul, roja, verde y blanca, y su superficie es desigual.

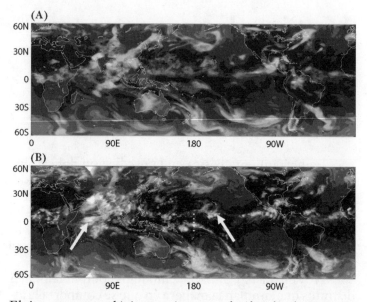

El tiempo meteorológico previsto para el 1 de julio de 1998. (A) es la simulación por computadora del Centro Hadley del tiempo en el mundo para ese día; (B) es el tiempo meteorológico real capturado por el satélite. Las flechas blancas indican la zona nubosa que la computadora no simuló, pero, por lo demás, las dos imágenes son idénticas.

Aunque lo que más quebraderos de cabeza da a los investigadores son las partes blancas —en su gran mayoría nubes—.

Las nubes nublan la cuestión, por así decirlo, pues nadie ha elaborado todavía una teoría que explique cómo se forman y se disipan. Las nubes son capaces de retener el calor pero también de reflejar la luz del Sol al espacio. Esto significa que, dependiendo de las circunstancias, pueden calentar o enfriar.

Así pues, ¿qué tal se le da a la nublada y computarizada bola de cristal del Centro Hadley predecir el futuro de la Tierra? Hay cuatro pruebas fundamentales que cualquier simulador informático debe pasar antes de que sus predicciones se consideren creíbles.

- ¿Es coherente su base física con las leyes de la física —la conservación de la masa, el calor, la humedad, etcétera—?
- ¿Es capaz de simular el clima actual de manera exacta?
- ¿Es capaz de simular la evolución día a día de los sistemas atmosféricos que componen nuestro clima?
- Y por fin, ¿puede el modelo simular lo que se conoce de climas pasados?

Modelos de simulación como el del Centro Hadley pasan todas estas pruebas con un grado razonable de exactitud, aunque los nuevos descubrimientos del mundo real provocan constantemente cambios en éste y otros simuladores.

Por ejemplo, no hace mucho que hemos aprendido de qué manera el cambio climático provocado por el hombre está alterando la presión en el nivel del mar. Ésta es la primera prueba clara de que los gases invernadero están afectando a otro factor meteorológico distinto de la temperatura. Dado que este dato todavía no se había incorporado a los simuladores informáticos, se estaba subestimando el impacto del cambio climático sobre las tormentas del Atlántico norte.

Entre las décadas de 1940 y 1970, a pesar del aumento de los niveles de gases invernadero en la atmósfera, la temperatura media de la superficie de la Tierra disminuyó. Es más, los primeros modelos de simulación predecían que, con la cantidad de $CO_2$ liberado a la atmósfera a lo largo del siglo, la Tierra estaría hoy el doble de caliente de lo que lo está en realidad.

Los escépticos se agarraron a estas anomalías para desacreditar los simuladores informáticos y proclamar la idea de que el $CO_2$ y demás gases invernadero no tenían nada que ver con el aumento de las temperaturas. Resultó que ambas discrepancias se debían a que anteriormente se había pasado por alto un factor: la poderosísima influencia sobre el clima de las minúsculas partículas que flotan en la atmósfera.

Estas partículas conocidas como aerosoles pueden ser cualquier cosa, desde polvo expulsado por los volcanes a un cóctel de partículas tóxicas originadas en las chimeneas de las centrales eléctricas de carbón. Los paisajes desiertos como el del Sahel las producen en grandes cantidades, y los motores diésel, el caucho de los neumáticos y los incendios son también fuentes importantes. Los primeros modelos de simulación por computadora no incluían los aerosoles en sus cálculos, en parte porque nadie se había dado cuenta de lo mucho que habían aumentado a causa de las actividades humanas.

**Ahora sabemos que entre un cuarto y la mitad de los aerosoles que se encuentran en nuestra atmósfera hoy son consecuencia de la actividad humana.**

Los aerosoles pueden ser muy dañinos para la salud humana. Causaron una mortalidad importante en el Londres del siglo XVII, cuando la gente quemaba mucho carbón. Incluso hoy en día los aerosoles generados por la combustión de carbón matan cada año a unas 60,000 personas en Estados Unidos. Esto se debe, en parte, a que el carbón actúa como una esponja y absorbe mercurio, uranio y otros minerales dañinos que se liberan cuando se quema.

El estado de Australia del Sur alberga la mina de uranio más grande del mundo. Sin embargo su fuente de radiación más poderosa no es la mina, sino una central eléctrica de carbón situada en Port Augusta. A la gente le preocupa la radiación que desprenden las pruebas nucleares, pero una sola planta de producción de electricidad alimentada con carbón del valle Hunter de Australia —hay varias plantas de este tipo en la región— puede liberar más radiación a la atmósfera de la que desprendió en total el programa de pruebas nucleares de Francia en el Pacífico. No es ninguna sorpresa que los cánceres de pulmón sean consecuencia habitual de la radiación: en el valle Hunter de Australia los niveles de cáncer de pulmón son un 30 por ciento más elevados que en la vecina Sydney, a pesar de los niveles de polución de la metrópolis.

Recuerdo que de niño veía carteles que decían «No Escupir» en las paredes de los túneles de tren de Melbourne, mi ciudad natal, y oía historias que hablaban de las escupideras que se utilizaban en la época de mi abuelo. Cuando, ya de adulto, viajé a China y vi a los habitantes de ciudades tremendamente contaminadas como Hefei expectorando la hedionda congestión de sus pulmones, comprendí que mis antepasados no tenían necesariamente peores hábitos higiénicos que mi generación. Simplemente luchaban contra una atmósfera inmunda viciada por la combustión de carbón.

Los científicos consideran ahora que el descenso de temperatura entre las décadas de 1940 y 1970 fue causado por los aerosoles, y en especial por el dióxido de azufre, que se libera cuando se quema un carbón de baja calidad. Allá por la década de 1960, los lagos y bosques de latitudes altas del hemisferio norte estaban agonizando. Los árboles perdían sus agujas y los lagos se quedaban sin vida, transparentes como el cristal. La responsable de esto era la lluvia ácida causada por las emisiones de dióxido de azufre de las centrales eléctricas de carbón. Cuando se comprendió lo que estaba ocurriendo, entró en vigor una legislación que imponía el uso de «depuradoras» en las centrales eléctricas de carbón del mundo industrializado. Éstas llevan usándose desde los años setenta y han reducido drásticamente las emisiones de dióxido de azufre.

Esto tuvo, no obstante, una consecuencia inesperada. Los aerosoles de sulfato son muy eficientes a la hora de reflejar la luz solar al espacio, y tienen un gran poder refrigerante para el planeta. Debido a que la mayoría de aerosoles duran tan sólo unas pocas semanas en la atmósfera —el dióxido de azufre se degrada a razón de un 1 o 2 por ciento por hora en condiciones de humedad normales—, la instalación de depuradoras surtió un efecto inmediato.

A medida que el aire se fue despejando, las temperaturas globales ascendieron, impulsadas por el $CO_2$ liberado por esas mismas centrales eléctricas. La experiencia es un ejemplo perfecto de cómo todo en nuestro planeta está conectado entre sí.

La erupción de 1991 del monte Pinatubo en Filipinas proporcionó una ocasión de oro para poner a prueba la capacidad de los nuevos simuladores informáticos para predecir la influencia de los aerosoles. Dicha erupción expulsó 20 millones de toneladas de dióxido de azufre a la atmósfera, y un grupo dirigido por el científico de la NASA James Hansen predijo que el resultado sería un enfriamiento global de aproximadamente 0.3°C —la cifra *exacta* que se comprobó luego en el mundo real—.

Entre las predicciones más importantes de estos simuladores, y las que más seguidores tienen, están las que afirman que los polos se calentarán más rápido que el resto de la Tierra; que las temperaturas de la superficie terrestre aumentarán más deprisa que la media global; que habrá más lluvia; y que los fenómenos meteorológicos extremos aumentarán en frecuencia e intensidad.

Los cambios también se harán evidentes en los ritmos del día, y las noches serán más cálidas en relación con los días, pues durante la noche es cuando la Tierra pierde su calor a través de la atmósfera en el espacio. Asimismo, condiciones meteorológicas como las que se producen durante El Niño tenderán a desarrollarse de forma semipermanente.

Pasemos ahora a las principales incertidumbres que se repiten en todos los modelos de simulación: si se duplica la cantidad de $CO_2$, desde los niveles preindustriales de 280 partes por millón a 560 partes por millón, ¿acarreará esto un calentamiento de 2°C o de 5°C? Tras casi treinta años de duro trabajo y asombrosos avances tecnológicos seguimos sin tener una respuesta inequívoca a esta pregunta.

**Muchos argumentarán que ya sabemos suficiente: incluso un calentamiento de 2°C sería catastrófico para grandes segmentos de la humanidad.**

El estudio más reciente sobre el cambio climático, y el más amplio jamás emprendido, lo publicó en 2005 un equipo de la Universidad de Oxford. Se llevó a cabo utilizando el tiempo de inactividad de más de 90,000 computadoras personales, y se centró en las implicaciones que tendría para la temperatura que se duplicara la cantidad de $CO_2$ en la atmósfera. La media de los resultados indicaba que se produciría un calentamiento de 3.4°C, pero se dio en realidad una asombrosa gama de posibilidades —desde un calentamiento de 1.9°C a la cifra máxima nunca antes predicha de 11.2°C—.

Mientras leía estos resultados, me acordé de una anomalía que llevaba tiempo preocupándome. Al final de la última glaciación, los niveles de $CO_2$ aumentaron de 100 partes por millón, y la temperatura media de la superficie de la Tierra se elevó 5°C. No obstante en la mayoría de los análisis informáticos se predice que un incremento tres veces mayor de $CO_2$ resulta en un aumento de temperatura de tan sólo 3°C.

Los ciclos de Milankovic y los inmensos casquetes de hielo juegan un papel importante en esto, por supuesto, pero los científicos que ahora trabajan en los aerosoles creen que podrían tener parte de la respuesta. La medición directa de la intensidad de la luz del Sol a nivel del suelo, así como los datos mundiales de la velocidad de evaporación de las aguas —en la que influye sobre todo la luz del Sol—, indican que la cantidad de luz solar que alcanza la superficie de la Tierra ha disminuido de manera significativa —hasta un 22 por ciento en algunas zonas— en las tres últimas décadas. Los aerosoles están bloqueando la luz del Sol.

Este fenómeno se denomina oscurecimiento global, y actúa de dos maneras distintas: por un lado, los aerosoles como el hollín aumentan el índice de reflexión de las nubes, y por otro, la estela que deja un avión a reacción crea una nube persistente. Las partículas de hollín cambian las propiedades de reflexión de las nubes, favoreciendo la formación de muchas diminutas gotas de agua en lugar de gotas más grandes y menos abundantes; estas gotitas permiten que las nubes reflejen mucha más luz al espacio que si hubiera gotas grandes.

Lo que pasa con las estelas es diferente. En 2001, en los tres días que siguieron al 11 de septiembre, toda la flota de reactores de Estados Unidos estaba en tierra. Durante esos días, los climatólogos observaron un aumento sin precedentes de las temperaturas diurnas en relación con las nocturnas. Era el resultado de la cantidad adicional de luz solar que conseguía llegar al suelo en ausencia de estelas de reactor.

Si es cierto que 100 partes por millón de $CO_2$ pueden incrementar la temperatura de la superficie de 5°C y que los aerosoles y las estelas han contrarrestado esta subida de manera que sólo hemos experimentado un aumento de 0.63°C, entonces significa que la influencia de estos últimos sobre el clima es tremendamente poderosa. Es como si dos grandes fuerzas —ambas desatadas por las chimeneas del mundo— tiraran del clima en direcciones opuestas, sólo que el $CO_2$ es ligeramente más poderoso.

Seguimos teniendo un grave problema, pues la contaminación de partículas dura sólo días o semanas en la atmósfera, mientras que el $CO_2$ perdura un siglo.

**Si nuestra comprensión del oscurecimiento global es correcta, sólo nos queda una opción. Tenemos que aprender a extraer $CO_2$ de la atmósfe-**

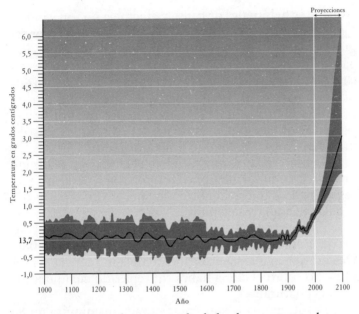

Esta gráfica, conocida como «palo de hockey», muestra las tendencias de la temperatura media de la superficie de la Tierra desde el año 1000 hasta el 2100. Antes de 1900 ésta era de 13.7°C. La zona gris transmite incertidumbre, que se reduce alrededor de 1850, cuando se comenzó a utilizar la red de termómetros. Las proyecciones de la derecha ofrecen una franja de los incrementos probables de temperatura hasta 2100.

**ra, y por el momento, no sabemos cómo hacer esto de manera verdaderamente eficiente.**

Puede que un día seamos capaces de crear una fotosíntesis artificial que capture el carbono del aire, pero esto pertenece a un futuro que, hoy por hoy, sólo está en nuestra imaginación.

Una de las reacciones humanas básicas a cualquier cambio es preguntarse qué lo ha provocado. El sistema climático de la Tierra, no obstante, está tan abarrotado de circuitos de retroalimentación positivas que nuestros conceptos habituales de causa y efecto ya no son válidos. Consideremos el famoso ejemplo de la teoría del caos según la cual el aleteo de una mariposa en el Amazonas llega a causar un ciclón en el Caribe. Está claro que decir sin más que una cosa causa la otra es un razonamiento que no sirve para nada. Lo que hay que entender es que un acontecimiento inicial aparentemente insignificante —como por ejemplo el aumento del $CO_2$ atmosférico— puede provocar un cambio descontrolado.

Algunos grupos que estudian el clima han realizado pronósticos simulados por computadora para diversas regiones de la Tierra, cubriendo tan sólo unas pocas décadas. He aquí tres ejemplos.

El Centro Hadley ha realizado predicciones del clima del Reino Unido desde la década de 2050 a la de 2080. Descubrieron que hacia el año 2050 la influencia del ser humano sobre el clima habrá sobrepasado cualquier influencia natural.

Predicen que la superficie nevada disminuirá un 80 por ciento cerca de la costa británica, y hasta un 60 por ciento en las tierras altas escocesas. Las precipitaciones invernales aumentarán un 35 por ciento, con temporales más intensos, mientras que la lluvia veraniega se reducirá, y uno de cada tres veranos será «muy seco». Un fenómeno parecido al sofocante verano de 1995 —en el que durante diecisiete días se superaron los 25°C, y durante otros cuatro, los 30°C— podría volver a ocurrir dos veces por década, mientras que la gran mayoría de años serán más calurosos que 1999, que batió todos los récords. En 2006, el sudeste de Inglaterra volvió a experimentar la sequía.

Los cambios experimentados en el continente europeo serán más extremos que el aumento de la media global. De hecho, un aumento global de la temperatura de la superficie de la Tierra de tan sólo 2°C provocaría en realidad un incremento de 4.5°C en toda Europa, Asia y los continentes americanos. Para Gran Bretaña, esto implica un clima más mediterráneo y, tal como lo expresan algunos periódicos, «el fin del jardín inglés». Pero más importantes son los retos que plantea para asuntos como la protección del agua potable, el control de las inundaciones y la salud pública.

En 2003 y 2004, otros dos estudios regionales se centraron en el impacto del clima en el estado de California. Postularon que el calentamiento global provocaría veranos mucho más calurosos y acabaría con la nieve acumulada, amenazando el abastecimiento de agua y la salud pública. A finales de siglo, prevén que las olas de calor en Los Ángeles sean entre dos y siete veces más letales que hoy en día, y que se pierdan casi todos los bosques alpinos de California. De hecho los *pikas* —los parientes alpinos del conejo— ya están empezando a extinguirse en las aisladas montañas del oeste californiano. Siete poblaciones de cincuenta han desaparecido en las últimas décadas.

El tercer ejemplo se centra en el estado de Nueva Gales del Sur, cuyas predicciones fueron realizadas por el principal organismo de investigación científica de Australia, el Commonwealth Scientific and Industrial Research Organisation o CSIRO (Organización para la Investigación Científica e Industrial de la Commonwealth). Éstas vaticinan que durante las próximas décadas se producirán aumentos de temperatura por todo el estado de entre 0.2°C y 2.1°C, mientras que el número de periodos fríos, y por lo tanto de heladas, se reducirá. Asimismo, aumentarán los días calurosos de más de 40°C, y quizás también las sequías de primavera e invierno, los temporales y la velocidad de los vientos.

**El gas ya está en el aire y hoy por hoy no hay manera de sacarlo. Con independencia de la exactitud de estos informes, una cosa está clara: el curso del cambio climático está ya programado para al menos las próximas décadas.**

# 17. Un peligro inminente

El impacto de los gases invernadero en la atmósfera no se experimentará plenamente hasta el año 2050 aproximadamente. Si las emisiones de gases invernadero se detuvieran de inmediato, en torno a esa fecha la Tierra alcanzaría una nueva estabilidad, con un nuevo clima. Esto se debe a la larga vida del $CO_2$ en la atmósfera. Los investigadores lo llaman el «compromiso»: un cambio que aún no sentimos pero que ya no podemos evitar.

Gran parte del $CO_2$ liberado cuando la gente le echaba carbón a sus estufas después de la Primera Guerra Mundial todavía está calentando hoy nuestro planeta. Casi todo el daño se hizo, sin embargo, a partir de la década de 1950, cuando la gente circulaba con sus Chevrolets con alerones y hacía funcionar sus electrodomésticos con una electricidad obtenida de centrales de carbón de escaso rendimiento.

**Pero la generación más culpable de todas es la del *baby-boom* que siguió a la Segunda Guerra Mundial: la mitad de la energía generada desde la Revolución Industrial ha sido consumida durante los últimos veinte años.**

Es fácil condenar este derroche, pero hemos de recordar que hasta hace poco nadie tenía ni la más remota idea de que las emisiones de su tubo de escape o el consumo de su aspiradora iban a afectar a sus hijos o sus nietos.

Pero ahora sí que lo sabemos. El auténtico costo de nuestros cuatro por cuatro, aparatos de aire acondicionado, calentadores de agua, secadoras y refrigeradores es cada vez más evidente para todos nosotros. En muchas naciones desarrolladas somos tres veces más prósperos en promedio que la gente de hace unas décadas, y por tanto somos capaces de soportar el costo de cambiar nuestros hábitos.

Nuestro «compromiso» —el cambio climático que ya no podemos prevenir— se ve influido por varios factores:

- el $CO_2$ que ya hemos liberado;
- los circuitos de retroalimentación positiva que amplifican el cambio climático;
- el oscurecimiento global;
- la velocidad a la que las economías humanas son capaces de abandonar el carbono.

De estos factores, el primero —los volúmenes de gas invernadero existentes— es conocido y ya no se puede cambiar.

El segundo y el tercero —circuitos de retroalimentación positiva y oscurecimiento global— aún están siendo estudiados por los científicos.

Y el cuarto —la velocidad a la que los humanos podemos cambiar nuestras emisiones— está siendo discutido en estos mismos momentos en los parlamentos y salas de juntas de todo el mundo. Este factor, junto con el del oscurecimiento global, son los únicos que podemos controlar.

Los científicos afirman que para estabilizar el clima de la Tierra es necesario reducir los niveles de $CO_2$ emitidos desde 1990 en un 70 por ciento. Esto tendría como consecuencia un nivel de $CO_2$ en la atmósfera de 450 partes por millón —recordemos que ahora tenemos 300 partes por millón—. Nuestro clima global se estabilizaría en torno a 2100 a una temperatura al menos 1.1°C mayor que la actual, aunque en algunas regiones se incrementaría hasta 5°C.

Las naciones europeas hablan de reducir las emisiones a este nivel, pero la resistencia de la industria del carbón y las políticas de las administraciones de Bush y Howard en Estados Unidos y Australia podrían hacer de éste un objetivo inalcanzable. Un escenario más realista sería estabilizar el $CO_2$ atmosférico a 550 partes por millón —el doble de los niveles preindustriales—. Esto supondría una estabilización climática a siglos vista y un incremento de la temperatura global en torno a los 3°C en este siglo.

Pero recordemos que incluso esto último depende de la buena suerte. Los gases invernadero que ya están en la atmósfera podrían poner en marcha circuitos de retroalimentación positiva con el potencial de causar cambios que no podemos controlar.

**Es demasiado tarde para intentar cambiar nuestro mundo, pero aún estamos a tiempo de evitar el desastre y de reducir la probabilidad de un cambio climático peligroso.**

Quizá una manera más útil de abordar el problema consista en definir a qué *ritmo* son peligrosos los cambios. Después de todo, la vida es flexible, y si se le da el tiempo suficiente, puede adaptarse a las condiciones más extremas. Pero si el cambio se produce demasiado rápido, las plantas y los animales no tienen tiempo de adaptarse. Visto de esta forma, ritmos de calentamiento superiores a 0.1°C por década probablemente causarían graves perjuicios a nuestros ecosistemas. Asimismo, sería peligroso que aumentara el nivel de los mares a una velocidad superior a los dos centímetros por década, como también lo sería un aumento total de cinco centímetros.

Pero cuando intentamos definir qué constituye un cambio climático peligroso surge otra pregunta: ¿peligroso para quién? Para los inuit que viven en el Ártico el umbral perjudicial ya se ha cruzado. Su fuente primordial de alimento —las focas y los caribúes— escasea a resultas del cambio climático y sus pueblos están amenazados.

Cuando consideramos el destino del planeta en su conjunto, no debemos engañarnos con respecto a lo que está en juego. La temperatura media de la Tierra está en torno a los 15°C. Que permitamos que suba sólo 1°C, o bien 3°C, será decisivo para el destino de cientos de miles de especies y miles de millones de personas.

# 18. Un refugio en lo alto de las montañas

Ni las nieves del Kilimanjaro en África ni los glaciares de Nueva Guinea pueden sobrevivir más de un par de décadas a los niveles actuales de $CO_2$. Y por debajo de esos ámbitos helados, todos los hábitats, cada uno de los cuales tiene sus especies propias y únicas, se están desplazando montaña arriba.

**No hay nada más seguro en las predicciones de la ciencia del clima que la extinción de muchas de las especies que habitan en las montañas del mundo.**

Sabemos que, pase lo que pase, nuestro planeta se calentará 1.1°C este siglo. Si seguimos como hasta ahora, estaremos condenados a un incremento de hasta 3°C. La cumbre más alta de Nueva Guinea —Puncak Jaya— está justo por debajo de los 5,000 metros. Allí, un aumento de 3°C empujaría el último hábitat alpino de Nueva Guinea más allá de su cumbre. De hecho, con unos cambios tan extremos, hay pocas montañas en la Tierra lo suficientemente altas como para proporcionar un refugio alpino. Despertarse en medio del aire frío y tonificante de la cumbre de una montaña de Nueva Guinea y ver delicadas telarañas tendidas entre los helechos, relucientes de rocío, es una experiencia que no se olvida. Bajo los rayos oblicuos del Sol, los colores dominantes de estos prados abiertos y ecuatoriales son el bronce y el verde brillante, intercalados con el rojo chillón, el naranja y el blanco de las flores de rododendros arbustivos y orquí-

*Dingiso.* Este increíble canguro arborícola blanco y negro vive en las regiones alpinas de Papúa occidental. En 1994, mis colegas y yo lo «descubrimos». Por desgracia, este marsupial del tamaño de un labrador podría convertirse en una víctima del cambio climático.

deas. A tu alrededor, en el suelo musgoso, se ven los arañazos del equidna de pico largo *(Zaglossus bartoni)* —con su metro de largo, es el mamífero que pone huevos más grande de la Tierra—. Y si te fijas, verás las madrigueras del ratón lanudo alpino *(Mallomys gunung)*. También es un gigante, pues mide casi un metro desde el hocico hasta la punta de la cola.

Al alba el aire se llena del canto de los pájaros, pues estas montañas son el refugio de aves del paraíso, loros y hordas de pájaros que se alimentan de miel y se congregan en los arbustos llenos de flores. A media mañana, desde las marismas aisladas, se escucha un «oooh, ooh» que suena —al menos así me sonó a mí— como tu tía soltera favorita cuando está algo alegre después de la comida de Navidad. Pero lo que hace ese ruido es una diminuta rana rosácea, tan pequeña como el pulgar de un niño y tan nueva para la ciencia que aún ni siquiera tiene nombre.

Todas las montañas tropicales elevadas de la Tierra poseen un hábitat alpino similar, y por debajo de éstos están los bosques de montaña, aún más ricos en su biodiversidad. Las cordilleras más altas del mundo dan cobijo a una asombrosa variedad de vida —desde especies emblemáticas como los pandas o los gorilas de montaña, a humildes líquenes e insectos—. Aunque los hábitats alpinos componen apenas un 3 por ciento de la superficie de la Tierra, albergan más de 10,000 especies vegetales, así como innumerables insectos y animales de mayor tamaño.

En el curso del siglo XX, las especies que moran en las montañas han desplazado su hábitat montaña arriba una media de 6.1 metros por década. Tuvieron que hacerlo porque las condiciones más abajo se habían vuelto demasiado calurosas o secas, o bien por la llegada de especies nuevas con las que no podían competir.

Las montañas cubiertas de pluviselva del nordeste de Queensland están en el centro de las mesetas Atherton, al oeste de Cairns, y cubren 10,000 kilómetros cuadrados. A pesar de su pequeño tamaño, podría decirse que son el hábitat más importante de toda Australia, pues albergan una amalgama arcaica de plantas y animales, supervivientes de la Australia más fría y húmeda de hace 20 millones de años.

En 1988, estas pluviselvas fueron catalogadas como la primera zona Patrimonio de la Humanidad de Australia. Los turistas ahora acuden en tropel a la región, y una de las actividades más populares es el paseo nocturno, durante el cual pueden verse de cerca marsupiales en abundancia a la luz de una linterna. En algunos sitios, el bosque cobra vida con sus gruñidos, chillidos y crujidos.

En los árboles más altos se puede oír a las zarigüeyas de cola anillada *(Hemibelideus lemuroides)* saltando de rama en rama. Son fósiles vivos, parientes del *Petauroides volans*, majestuoso animal de un metro de largo que planea por los bosques de eucaliptos. Estas zarigüeyas lemúridas carecen de membrana planeadora, pero son extraordinarias saltadoras, y su ruidosa caída contra las ramas es uno de los sonidos constantes de la noche.

En una zona inferior de los árboles puede que veas al opossum de cola anillada *(Pseudocheirus archeri)* con sus grandes crías. Son muy selectivos con su dieta, por lo que las crías se quedan con sus madres hasta que son casi adultas y aprenden qué hojas son el mejor alimento. Los opossum frecuentan las cumbres montañosas porque si pasaran tan sólo cuatro o cinco horas a temperaturas de 30°C o más se morirían, y tales temperaturas se dan casi a diario en las tierras bajas de los alrededores.

Sesenta y cinco especies de aves, mamíferos, ranas y reptiles son exclusivas de esa región, y ninguna de ellas puede tolerar condiciones más calurosas. Entre éstas están el capulinero de Newton *(Prionodura newtoniana)*, la rana de Bloomfield *(Cophixalus exiguus)* y el canguro arborícola de Lumholtz *(Dendrolagus lumholtzi)*.

Los niveles más altos de $CO_2$ afectan también al crecimiento de las plantas. Plantas cultivadas de forma experimental en entornos ricos en $CO_2$ tienden a tener un menor valor nutritivo y unas hojas más duras. Se prevé que este cambio contribuirá por sí solo a reducir la densidad de zarigüeyas. A medida que las especies se refugian en lugares cada vez más altos, el valor nutricional de su comida se ve reducido por la pobreza de los suelos que dominan las cumbres. Por si esto fuera poco, es posible que acentúe la variabilidad de las precipitaciones y se produzcan sequías cada vez más pronunciadas. La capa nubosa, que ahora proporciona el 40 por ciento del agua que alimen-

El canguro arborícola de Lumholtz es una de las 10,000 especies de plantas y animales que son exclusivas de los bosques montañosos del noreste de Queensland. Si se produce un incremento de temperatura de 3.5°C, su hábitat dejará de existir.

ta los bosques de las montañas, se desplazará hacia arriba, dejando los bosques expuestos a más luz solar y, por tanto, a una mayor evaporación. La suma de todo acabará teniendo un impacto catastrófico.

Con el inevitable aumento de 1°C en la temperatura, al menos una de esas especies singulares de los trópicos húmedos desaparecerá —la rana *Cophixalus monticula* de Thornton Peak—. Con un aumento de 2°C, los ecosistemas de los trópicos húmedos comenzarán a venirse abajo. Con un aumento de 3.5°C, en torno a la mitad de las sesenta y cinco especies singulares de los trópicos húmedos habrá desaparecido, mientras que el resto se verá restringido a pequeños hábitats de menos del 10 por ciento de su zona de distribución original. De hecho sus poblaciones ya no serán viables, y su extinción sólo será cuestión de tiempo.

Las implicaciones para el futuro de la biodiversidad de Australia son descomunales. Por ejemplo, el pino bunya —un pariente de la araucaria y la especie más antigua de la estirpe— se ve limitado a dos cordilleras. Esta especie, u otra parecida, lleva con nosotros desde la era Jurásica, hace unos 230 millones de años. Su pérdida sería una calamidad. Como también lo sería la pérdida de orquídeas, helechos y líquenes o de invertebrados —esas legiones de gusanos, escarabajos y otros seres que reptan y vuelan— que se encuentran hoy por decenas de miles. ¿Pueden imaginarse Australia sin su pluviselva de Atherton o su Gran Barrera de Arrecifes?

La inminente destrucción de las selvas de los trópicos húmedos de Australia es un desastre biológico que es inminente, y la generación responsable será maldecida por los que vengan después.

**¿Qué les dirán a sus hijos cuando sus aires acondicionados y sus cuatro por cuatro les cuesten las joyas naturales de la nación?**

Por todo el mundo, cada continente, y también muchas islas, poseen cordilleras que son el último refugio de especies de extraordinaria belleza y diversidad. Podemos llegar a perderlo todo, desde los gorilas a los pandas o la tan descriptivamente denominada hierba lanuda, una mata única que crece sólo en las zonas alpinas de Nueva Zelanda. Sólo hay una manera de salvarlas. Debemos detener el problema en su punto de origen —la emisión de $CO_2$ y otros gases invernadero—.

Por sorprendente que parezca, hay un grupo de especies que se beneficiará enormemente de este aspecto del cambio climático. Son los parásitos que causan las cuatro cepas de malaria. A medida que aumenten las precipitaciones, se extenderán los mosquitos que propagan la malaria, se prolongará la temporada de malaria y proliferará la enfermedad. Desde Ciudad de México al monte Hagen de Papúa Nueva Guinea, los valles de las montañas del mundo cobijan una alta densidad de poblaciones humanas. Y allí donde la densidad de población es mucho menor, todavía hay lugares espléndidos en los que la enfermedad es rara.

Justo por debajo de estas comunidades —en el caso de Nueva Guinea, a unos 1,400 metros— están los grandes bosques donde no vive nadie, porque allí es donde se desarrolla la malaria. En un futuro próximo, el calentamiento global facilitará el acceso del parásito de la malaria y de su vector, el mosquito *Anopheles*, a esos valles de alta montaña. Allí encontrarán a decenas de miles de personas sin la menor resistencia a la enfermedad.

# 19. ¿Adónde pueden ir?

Las especies han sobrevivido a cambios climáticos en el pasado porque las montañas eran lo bastante altas, los continentes lo bastante extensos y el cambio lo bastante gradual como para encontrar nuevos hábitats que pudieran convenirles. La clave para la supervivencia de animales y plantas en el siglo XXI estará en seguir moviéndose. Pero ¿cómo conseguirán hacerlo?

Por ejemplo, si la temperatura de Australia subiera tan sólo 3°C a lo largo de este siglo, la mitad de las especies de eucaliptos crecerían fuera de su zona de temperaturas actual. Para sobrevivir deben emigrar, aunque en su camino se interponen numerosas barreras, entre ellas el océano Sur y los paisajes modificados por el hombre.

La suculenta flora del Karoo* de Sudáfrica comprende 2,500 especies de plantas que no se encuentran en ningún otro lugar del mundo. Es la flora de zona árida más rica de la Tierra, y es famosa por la belleza de sus flores primaverales, que dependen de la escasísima lluvia invernal. A medida que cambia el clima, ¿adónde puede ir esta vegetación? Al sur y al este —la dirección hacia donde el cambio climático las empujaría— se hallan las montañas de Cabo Fold, cuya topografía y suelo son totalmente inadecuados para las plantas del Karoo. Las simulaciones por computadora indican que en torno a 2050, el 99 por ciento del Karoo habrá desaparecido.

---

* Se da este nombre a las extensiones áridas de Sudáfrica que consisten en mesetas elevadas y un suelo arcilloso, y que durante la estación seca carecen completamente de agua. (N. del t.)

Al sur de las montañas de Cabo Fold se encuentra el fabuloso fynbos, uno de los seis reinos florales de la Tierra, y la comunidad vegetal más diversa que se encuentra fuera de las pluviselvas. Sus plantas apenas sobrepasan la altura de la rodilla, pero su forma es extraordinaria. Los juncos dan unas flores vivas en forma de campanilla, cuyo néctar es sorbido por «moscas zumbantes» de colores llamativos mediante sifones de dos centímetros de largo que llegan al interior de las campanillas. Las laderas rocosas están adornadas de tupidas proteas rey tachonadas de flores rosas en forma de estrella. La profusión de flores de guisante, de variedades parecidas a las margaritas y de tipos de lirios parece interminable.

Rodeado por el océano en la punta sur del continente, el fynbos es un paraíso natural, pero está acorralado. El calentamiento de la Tierra le hará perder la mitad de su extensión de aquí a 2050.

Los diversos montes del sudoeste de Australia comprenden más de 4,000 plantas de flor. Con tan sólo 0.5°C de calentamiento adicional, las quince especies de mamíferos y anfibios que son exclusivos de la región quedarían restringidos a diminutos hábitats residuales o se extinguirían. No obstante, ya sabemos que 0.5°C de calentamiento es inevitable.

El calentamiento global no podía haber llegado en un peor momento para la biodiversidad. En el pasado, cuando ocurrían bruscos cambios climáticos, los árboles, los pájaros, los insectos migraban a lo largo de continentes enteros. En el mundo moderno, habitado por 6,500 millones de seres humanos, dichos movimientos no son posibles. Hoy en día, casi toda la biodiversidad se restringe a parques nacionales y bosques.

Debido a que la tendencia es que el clima sea cada vez más seco, los niveles del mar cada vez más altos y las tormentas cada vez más fuertes, el hábitat invernal de las aves migratorias de las costas de Norteamérica se está viendo enormemente reducido. El hecho de que los ríos se estén calentando implica que cada vez habrá menos salmones, mientras que en el Atlántico Norte, los peces que tienen valor comercial ya siguen el agua fría hacia el sur o hacia el norte. En 2005 y 2006, muchos de estos cambios eran ya evidentes. El río Frazer de la Columbia Británica, uno de los torrentes más importantes del mundo para el desove del salmón, lleva seis de los últimos once años estando fatídicamente caliente para esta criatura. Asimismo, el calentamiento del mar frente a las costas de la Columbia Británica ha provocado un brutal declive de la población de los pequeños crustáceos que son la base de la cadena alimenticia. Esto ha contribuido, a su vez, a una escasez de pescado y demás vida marina, con repercusiones muy graves en criaturas de mayor tamaño.

El mérgulo marino es un ave marina de pequeño tamaño cuya principal colonia se encuentra en la isla Triángulo de la Columbia Británica. En 2005 se reunieron allí un millón de pájaros durante la época de cría, pero la escasez de alimento fue tal que no hay indicios de que sobreviviera un solo polluelo. Nunca antes, en las muchas décadas en que se llevan estudiando estos pájaros, se había documentado un fracaso de esta escala en su intento de reproducirse.

Los observadores de ballenas han advertido que, al migrar hacia el sur por la costa de la Columbia Británica hacia Hawai, la ballena jorobada «se deformaba» a causa de la inanición. Poco después, buceadores que nadaban con las ballenas frente a las costas de Hawai, donde estos cetáceos pasan el invierno, contemplaron atónitos cómo éstas intentaban alimentarse en unas aguas virtualmente despojadas de nutrientes. A los ojos de un biólogo, esta situación recuerda extraordinariamente a aquélla en que se encontró el sapo dorado en el año 1987.

La fauna de México se está viendo mermada por el calor y por fenómenos meteorológicos secos y extremos, lo que causará muchas extinciones. Estos mismos factores han llevado a los botánicos a declarar que un tercio de las especies vegetales de Europa se enfrenta a un tremendo peligro.

En masas continentales más pequeñas la situación es incluso más grave. Muchas aves de las islas del Pacífico están siendo empujadas más allá de sus límites, por lo que se producirán extinciones en todas las formas de vida, desde los árboles a los insectos. El Parque Nacional Kruger de Sudáfrica tiene casi el tamaño de Israel, y aun así corre el riesgo de perder dos terceras partes de sus especies.

**Imagina qué pasaría si el clima de Washington fuera más parecido al de Miami, o el de Sydney al de Cairns. Intenta imaginar lo que significaría este cambio para los bosques, las aves y demás animales de la región en la que *vives*. Empezarás a verlo todo desde una perspectiva más global.**

Una perspectiva más global implica tener en cuenta las regiones más profundas de nuestros océanos, pues incluso los seres que viven allí abajo pueden enseñarnos algo sobre el cambio climático. Cuando los biólogos marinos sacan extrañísimas criaturas de las profundidades del océano, los animales ya se están muriendo. Los cuerpos negros y dentudos de los pejesapos de las profundidades yacen inertes; su luminiscencia es apenas un parpadeo. Depredadores como el pez semáforo mandíbula floja (*Malacosteus niger*) palidecen y vomitan su última comida —a menudo un pez más grande que ellos—. A los pocos minutos cesa todo movimiento y los ojos de las criaturas se vuelven vidriosos.

Solían decir los científicos que el cambio de presión era lo que los mataba. A la profundidad a la que viven estas criaturas, la fuerza que ejerce la columna de agua de kilómetros de altura que está por encima es tan intensa que podría doblar un submarino al instante. Como prueba de esta idea los expertos ponen de ejemplo a los pocos peces abisales que poseen una vejiga natatoria. Éstos llegan a la superficie tremendamente deformados, con el depósito de aire tan hinchado de gas en expansión que sus cuerpos se tensan hasta reventar. A pesar de esa prueba tan horripilante, ahora sabemos que las cosas no son así.

Aprieta los dientes e imagina que recoges una raya peluda *(Caulophryne polynema)* que acaba de emerger desde una profundidad de tres kilómetros. Hazme caso, es el pez más feo que hayas visto jamás. A continuación, arroja su cuerpo negro, parecido a un saco y cubierto de filamentos, dentro de un cubo de agua de mar helada. Ahora da un paso atrás.

En pocos minutos, la vitalidad regresa a su cuerpo; sus fauces llenas de grandes colmillos intentan morder y la «caña de pescar» filamentosa que sobresale de entre sus ojos parpadea. Su vida, como puedes ver, no estaba amenazada por la presión, sino por el calor. En las aguas profundas del océano donde vive, las temperaturas rondan los 0°C. Incluso aguas que a nosotros nos matarían de frío en pocos minutos son letalmente cálidas para estos peces.

La estructura de los océanos del mundo desempeña un papel crítico en nuestro clima. Consta de tres capas, separadas por su temperatura. En los primeros 100 metros, la temperatura varía enormemente. Cerca de los polos puede estar por debajo de 0°C, mientras que en el Ecuador, puede superar los 30°C.

A medida que descendemos por debajo de este mundo familiar y lleno de luz, también desciende el mercurio del termómetro. En torno a un kilómetro de profundidad, habremos alcanzado las aguas abisales, y de ahí para abajo, la temperatura se mantiene extraordinariamente estable: varía entre los -0.5°C —puede estar por debajo del punto de congelación y no helarse debido a la sal— y los 4°C. La gran mayoría del agua de este reino sin luz ha sido exportada desde el Antártico, donde las corrientes submarinas la han enfriado hasta alcanzar casi el punto de congelación.

Si continuamos calentando nuestro planeta, los increíbles residentes de las profundidades acabarán siendo asados hasta morir. Pero también se verán enfrentados a otro peligro, que se manifestará en primer lugar allí donde el agua helada de las profundidades del océano primero salga a la superficie —en las inmediaciones de los polos—. A medida que los océanos absorben $CO_2$, se vuelven ácidos. El $CO_2$ reacciona con el carbonato que se halla en los océanos, por lo que podrían caer los niveles de carbonato hasta un punto perjudicial para los animales que lo utilizan para formar sus conchas, como las ostras, los cangrejos y las gambas. Si estos últimos ya no pueden seguir manteniendo sus envolturas protectoras, perecerán.

Los científicos solían pensar que la acidez creciente no sería un problema hasta dentro de muchos siglos. Pero en 2005, un nuevo estudio indicó que la situación había empeorado considerablemente. En las próximas décadas podrían desarrollarse aguas peligrosamente ácidas en regiones vulnerables como el norte del océano Pacífico. Esta posibilidad es verdaderamente inquietante, pues esta acidez dañaría gravemente el ecosistema del océano y su capacidad de producir comida para nosotros.

**Si queremos que las generaciones venideras conozcan el sabor de las gambas y las ostras, tenemos que empezar a limitar nuestras emisiones de $CO_2$ desde este mismo momento.**

En cualquier caso, el problema de la acidez no tiene nada que ver con el calentamiento global. Por lo tanto debería ser una preocupación incluso para aquéllos que niegan la realidad del cambio climático.

Si actuamos ahora, podemos salvar muchas especies, que vivan en los océanos o en la tierra. Algunos científicos creen que cuando se alcance el grado más bajo de calentamiento global —entre 0.8°C y 1.7°C—, que es en realidad inevitable, un 18 por ciento de las especies que hoy viven están condenadas a la extinción. Esto es una de cada cinco especies del planeta.

En caso de un calentamiento medio —de entre 1.8ºC y 2ºC—, alrededor de una cuarta parte de las especies serían erradicadas, mientras que en el nivel más alto de la predicción —temperaturas por encima de 2ºC—, un tercio de las especies se extinguirían.

Lo crean o no, ésta es la buena noticia; en estos análisis se supone que las especies son capaces de emigrar. Pero ¿qué oportunidades tiene una protea de atravesar la poblada planicie costera de la provincia sudafricana del Cabo, o un mono león dorado de cruzar los campos sembrados que prácticamente han borrado del mapa las pluviselvas atlánticas de Brasil?

Para las especies que no pueden migrar, la probabilidad de extinguirse es prácticamente del doble. Esto significa que según el pronóstico más alto de las temperaturas, más de la mitad —un 58 por ciento— de las especies del mundo están destinadas a la extinción.

Parece ser que, sin la ayuda de los seres humanos, al menos uno de cada cinco seres vivos de este planeta está condenado a desaparecer debido a los niveles existentes de gases invernadero. Y si no hacemos cambios desde ahora, lo más probable es que tres de cada cinco especies se hayan extinguido de aquí a principios del próximo siglo.

El World Wildlife Fund, la Fundación Sir Peter Scott y la Protección de la Naturaleza han trabajado durante décadas para salvar, en términos cuantitativos, relativamente pocas especies. Ahora millares de especies podrían ser borradas de la faz de la Tierra de no reducirse las emisiones de gases invernadero.

**Tenemos que recordar esto: si actuamos ahora, podemos salvar al menos cuatro de cada cinco especies.**

# 20. Los tres puntos de inflexión

Los científicos consideran tres posibles puntos de inflexión para el futuro clima de la Tierra: la deceleración o interrupción de la Corriente del Golfo; la muerte de las pluviselvas del Amazonas; y la liberación explosiva de metano desde el fondo marino.

Los tres ocurren en los mundos virtuales de los simuladores por computadora, y existen pruebas geológicas de que todos ellos se han producido anteriormente a lo largo de la historia de la Tierra. Teniendo en cuenta la velocidad y dirección actuales del cambio, uno, dos o quizá los tres pronósticos podrían cumplirse en este siglo. Así pues, ¿qué conduce a estos cambios repentinos, cuáles son las señales de alarma, y cómo pueden afectarnos?

## PRIMER ESCENARIO: LA INTERRUPCIÓN DE LA CORRIENTE DEL GOLFO

La Corriente del Golfo es de una importancia vital para los países de la costa del Atlántico. En 2003 el Pentágono encargó un informe con el objetivo de perfilar las implicaciones que tendría para la seguridad nacional de Estados Unidos la interrupción de la Corriente del Golfo. La intención del informe era, según sus autores, «imaginar lo inimaginable».

En este panorama, la Corriente del Golfo se ralentizará como resultado del incremento de agua dulce procedente del derretimiento del hielo acumulado en el norte del Atlántico. El planeta se seguirá calentando lentamente hasta 2010, pero entonces se producirá un cambio drástico: una «puerta mágica» alterará bruscamente el clima del mundo.

El «parte meteorológico» del Pentágono para 2010 predice una sequía persistente en regiones agrícolas fundamentales, un desplome de las temperaturas medias de más de 3°C en Europa, un poco menos de 3°C en América del Norte, y aumentos de 2°C en Australia, Sudamérica y África del Sur.

El informe predice también que las naciones no cooperarán entre sí ante el desastre: la hambruna masiva se seguirá de migraciones multitudinarias. Regiones tan diversas como Escandinavia, Bangladesh y el Caribe no podrán seguir alimentando a su población. Se forjarán nuevas alianzas políticas en la lucha por apropiarse de los recursos. El riesgo de guerra aumentará enormemente.

Entre 2010 y 2020, las reservas de agua y energía serán cada vez más exiguas, y Australia y Estados Unidos se concentrarán aún más en proteger sus fronteras para impedir la entrada de hordas de inmigrantes procedentes de Asia y del Caribe. La Unión Europea, según dice el informe, puede elegir entre dos caminos: o se concentra en proteger sus fronteras —para prevenir la entrada, entre otros, de los escandinavos sin hogar— o se ve impelida a la decadencia y al caos debido a las luchas internas.

En 2004, la película catastrofista de Hollywood *El día de mañana* también imaginó las consecuencias de una posible interrupción de la Corriente del Golfo. Para conseguir un mayor efecto dramático, en el largometraje las consecuencias de dicho evento se producen en un lapso de tiempo extremadamente reducido, y los cambios son incluso más impresionantes que los proyectados en el informe del Pentágono.

Mientras tanto, los científicos siguen intentando comprender las consecuencias de una interrupción de la Corriente del Golfo para la biodiversidad. En efecto, *son* catastróficas. Si las corrientes dejan de transportar oxígeno a las aguas más profundas, la productividad biológica del Atlántico norte caerá en un 50 por ciento, y la productividad de los océanos del mundo entero se reducirá en más de un 20 por ciento.

**Así pues, ¿qué probabilidades hay de que nos quedemos sin Corriente del Golfo durante este siglo? ¿Cuáles son las señales de alarma?**

La Corriente del Golfo es la corriente oceánica más rápida del mundo; es tremendamente compleja y se ramifica en una serie de remolinos y subcorrientes a medida que sus aguas avanzan hacia el norte. El volumen de agua que compone su flujo es sencillamente formidable. Recordemos que las corrientes oceánicas se miden en sverdrups, y que un sverdrup es el flujo de un millón de metros cúbicos de agua por segundo y kilómetro cuadrado. En total, el flujo medio de la Corriente del Golfo es de unos 100 sverdrups, que es 100 veces más grande que el del río Amazonas.

En su tramo norte, la Corriente del Golfo es mucho más calurosa que las aguas que la rodean. Entre las islas Feroe y Gran Bretaña, por ejemplo, la Corriente del Golfo está a unos templados 8°C, mientras que las aguas que la rodean están a 0°C. La fuente de calor que alimenta la Corriente del Golfo es la luz del Sol tropical que calienta la zona media del Atlántico, y la corriente representa un medio extremadamente eficiente de transportar dicho calor, pues un metro cúbico de agua puede calentar más que 3,000 metros cúbicos de aire.

**En la zona norte del Atlántico, donde la Corriente del Golfo libera su calor, ésta contribuye a templar Europa de la misma forma en que lo haría un tercio más de luz solar sobre el continente.**

Y a medida que las aguas de la Corriente del Golfo liberan su calor, se van hundiendo y forman una gran cascada en mitad del océano. Esta cascada es la central eléctrica de todas las corrientes oceánicas del planeta, mas la historia indica que se ha visto interrumpida en repetidas ocasiones.

El agua dulce desbarata la Corriente del Golfo porque diluye su salinidad, impidiendo que se sumerja e interrumpiendo así la circulación de los océanos del mundo. Para esto se necesita un flujo de agua dulce de varios sverdrups o más. Si el norte helado se derrite podría liberar este flujo potencial, al que se sumarían las crecientes precipitaciones en toda la región.

A todas las profundidades, el Atlántico tropical se está volviendo más salado, mientras que tanto el norte como el sur del Atlántico polar se están volviendo más dulces. El cambio se debe a una creciente evaporación cerca del Ecuador y a un aumento de precipitaciones cerca de los polos. Cuando los investigadores observaron cambios parecidos en otros océanos, comprendieron que algo —muy probablemente el cambio climático— había acelerado las tasas de evaporación y de precipitaciones del mundo en un 5 o un 10 por ciento.

La creciente salinidad tropical podría conducir a una aceleración temporal de la Corriente del Golfo antes de su interrupción. El calor adicional transferido a los polos contribuirá a derretir más hielo, hasta que fluya tanta agua dulce en el Atlántico norte que se desmorone completamente el sistema.

¿A qué velocidad puede ocurrir esto? Los núcleos de hielo de Groenlandia indican que, cuando la Corriente del Golfo se frenó en el pasado, la isla experimentó una tremenda caída de 10°C en apenas una década. Es de presumir que cambios igual de rápidos se dejaron sentir en Europa, aunque no tenemos registros detallados del clima que lo puedan confirmar.

**En caso de reducirse la velocidad de la Corriente del Golfo, es posible que se experimenten cambios extremos de temperaturas en Europa y América del Norte en el transcurso de un par de inviernos.**

¿Cuándo es posible que ocurra dicho fenómeno? Algunos climatólogos estiman que ya se ven señales de un preludio de esta interrupción. No obstante, no todo el mundo está de acuerdo. Los científicos del Centro Hadley en Inglaterra estiman que la probabilidad de que la Corriente del Golfo sufra una alteración importante durante este siglo es de un 5 por ciento o menos. Su principal preocupación gira en torno a un fenómeno en la Amazonia que podría ser todavía más catastrófico.

## SEGUNDO ESCENARIO:
## MUERTE DE LAS PLUVISELVAS DEL AMAZONAS

Uno de los modelos de simulación por computadora utilizado por el Centro Hadley, denominado el TRIFFID, las siglas de Top-down Representation of Interactive Foliage and Flora Including Dynamics[*], sugiere que a medida que aumenta la concentración de $CO_2$ en la atmósfera, las plantas —en especial las del Amazonas— comienzan a comportarse de una forma extraña.

Las plantas del Amazonas crean de hecho su propia lluvia: el volumen de agua que transpiran es tal que llegan a formarse nubes cuya humedad cae en forma de lluvia, que vuelve a ser transpirada, y así sucesivamente.

Pero el $CO_2$ afecta de forma extraña a la transpiración de las plantas. Como es natural, las plantas, por lo general, no desean perder su vapor de agua, pues se han tomado la molestia de transportarlo de las raíces a las hojas.

---

[*] Representación vertical del follaje y flora interactivos, incluyendo su dinámica. (*N. del t.*)

Pero es inevitable que pierdan un poco cada vez que abren los orificios de sus hojas (estomas) para respirar. Abren sus estomas para obtener $CO_2$ de la atmósfera, y los mantienen abiertos el tiempo estrictamente necesario.

Así, a medida que aumenten los niveles de $CO_2$, las plantas de la pluviselva amazónica abrirán sus estomas durante periodos de tiempo más cortos, por lo que se verá reducida la transpiración. Y si hay menos transpiración, habrá menos lluvia.

TRIFFID indica que, en torno a 2100, los niveles de $CO_2$ habrán aumentado hasta el punto de que la lluvia amazónica se reducirá de forma drástica, y un 20 por ciento de esa disminución será atribuible a los estomas cerrados. El resto, según predice el simulador, se deberá a una sequía persistente que se desarrollará a medida que nuestro planeta se caliente.

La media actual de precipitaciones de la cuenca amazónica de 5 milímetros al día pasará a ser de 2 milímetros al día en 2100, mientras que en el nordeste de la región se reducirá a casi nada. Estas condiciones, combinadas con un aumento de temperatura de 5.5°C, contribuirán a la destrucción inevitable de la pluviselva amazónica. Un pequeño cambio de temperatura es capaz de transformar suelos que antes absorbían carbono en fuentes productoras de carbono a gran escala. A medida que los suelos se calientan, se acelera su descomposición y con ello se libera gran cantidad de $CO_2$. Es el clásico ejemplo de circuito de retroalimentación positiva, en el que el incremento de las temperaturas conduce directamente a un considerable aumento de $CO_2$ en la atmósfera, que contribuye, a su vez, a elevar las temperaturas. Con la pérdida del dosel protector de la pluviselva, los suelos se calentarán aún más rápido, liberando así todavía más $CO_2$.

Esto constituye una tremenda alteración del ciclo del carbono. Se estarían almacenando 35 gigatoneladas menos de carbono en la vegetación viva y 150 gigatoneladas menos en los suelos —un total del 8 por ciento del carbono almacenado en la vegetación y los suelos del mundo entero—. ¡Es una cantidad astronómica!

El resultado último de esta serie de circuitos de retroalimentación positiva sería que en 2100, la atmósfera de la Tierra tendría cerca de 1,000 partes por millón de $CO_2$ en lugar de las 710 predichas en modelos de simulación anteriores. Recordemos que el nivel actual es de 380 partes por millón y que tenemos que actuar de inmediato para evitar alcanzar las 550 partes por millón.

Este modelo experimental predice la devastación completa de la cuenca del Amazonas. La temperatura aumentaría en 10ºC. Casi toda la extensión de árboles sería sustituida por maleza, arbustos, o en el mejor de los casos, una sabana salpicada de algún árbol suelto. Grandes superficies incluso se tornarían tan calurosas y asoladas que ni siquiera esta reducida vegetación conseguiría sobrevivir en ellas, por lo que acabarían por convertirse en un desierto estéril.

**¿Cuándo podría ocurrir todo esto? Si el modelo de simulación es correcto, deberíamos comenzar a ver signos de la degradación de la pluviselva alrededor de 2040.**

De aquí a finales de siglo, el proceso se habría completado. La mitad de la región deforestada se habría convertido en hierba, la otra mitad en desierto.

Lo más aterrador de este pronóstico es que el cambio climático en el Amazonas contribuiría por sí solo a acelerar todavía más un descontrolado cambio climático global.

### TERCER ESCENARIO:
### EL FONDO MARINO LIBERA METANO

Los clatratos, cuyo nombre significa en latín «enjaulado» y hace alusión a la forma en que los cristales de hielo atrapan las moléculas de metano, son conocidos también como el «hielo que quema». Contienen una gran cantidad de gas comprimido a alta presión, motivo por el cual, al sacarlos a la superficie, los fragmentos de esta sustancia helada sisean, revientan e incluso arden si se les prende fuego.

Importantes volúmenes de clatratos yacen enterrados en el lecho marino del mundo entero —desde un punto de vista energético, quizá el doble que todos los demás combustibles fósiles juntos—. Los clatratos del lecho marino tan sólo se mantienen en estado sólido por el efecto de la presión del agua fría que tienen encima. En el océano Ártico pueden encontrarse clatratos en abundancia, pues allí las temperaturas son lo bastante bajas, incluso cerca de la superficie, como para mantenerlos estables.

Resulta ilustrativo del infinito ingenio de la vida que algunas lombrices marinas sobrevivan alimentándose del metano de los clatratos. Viven en madrigueras en el interior de la matriz de hielo que excavan para satisfacer sus necesidades energéticas. Hay entre 10,000 y 42,000 billones de metros cúbicos de este material desperdigados por el fondo del océano —una cantidad muy superior a los 368 billones de metros cúbicos de gas natural recuperable en el mundo—, por lo que no es de sorprender que tanto las lombrices como la industria de los combustibles fósiles consideren que hay un futuro en esta extraña sustancia.

Si la presión que ejerce el agua sobre los clatratos disminuyera, o la temperatura de los océanos se incrementara, se liberarían descomunales cantidades de metano. De hecho, los paleontólogos están empezando a sospechar que la liberación de los clatratos podría haber sido responsable de la mayor extinción de todos los tiempos, hace unos 245 millones de años.

Por aquel entonces, nueve de cada diez especies que vivían sobre la Tierra se extinguieron. Este fenómeno, conocido como la extinción del Pérmico-Triásico, acabó con unas criaturas parecidas a los primeros mamíferos, abriendo paso, de este modo, al dominio de los dinosaurios.

Mucha gente piensa que la causa de aquella extinción fue en realidad una erupción masiva de lava, $CO_2$ y dióxido de azufre que se produjo en la región volcánica Siberian Trap —la mayor zona inundada de basalto que se conozca—. Se cree que este acontecimiento acarreó un aumento de la temperatura media global de 6°C y propagó una lluvia ácida, liberando aún más carbono. El aumento de temperaturas disparó a continuación la emisión de cantidades astronómicas de metano de la tundra y de los clatratos del fondo marino. El poder explosivo de cambiar el clima debió de ser inimaginable.

Dos de los tres escenarios presentados —la muerte del Amazonas y la liberación de los clatratos— suponen circuitos de retroalimentación positiva, en los que los cambios son acumulativos y acaban produciendo cambios aún mayores. Pero existe otro circuito de retroalimentación positiva que ya está activado y que podría desencadenar, si cabe, todavía más cambios.

A lo largo de nuestra historia hemos librado una batalla constante para mantener una temperatura corporal confortable, batalla que ha sido muy costosa en términos de tiempo y energía. No hay más que pensar en los cientos de leves cambios de posición a los que sometemos nuestro cuerpo o el número de veces que nos ponemos y quitamos abrigos y sombreros al cabo de cada día. De hecho, la compra de una casa, que es nuestro gasto personal más importante, tiene como objetivo principal regular nuestro clima local. En Estados Unidos, el 55 por ciento del presupuesto total de la energía nacional está destinado a las calefacciones y aires acondicionados domésticos. El mero hecho de calentar sus hogares les cuesta a los estadounidenses 44,000 millones de dólares al año.

Al tiempo que nuestro mundo se vuelve más incómodo a resultas del cambio climático, aumenta la demanda de aire acondicionado. De hecho, durante las olas de calor, puede significar la diferencia entre la vida y la muerte. Pero, a no ser que cambiemos nuestra forma de crear electricidad, dicha demanda tendrá que satisfacerse quemando combustibles fósiles, por lo que estamos ante un poderosísimo circuito de retroalimentación positiva.

A medida que se acelere el calentamiento global, nos encerraremos en casa, agarrados firmemente al mando a distancia de nuestro climatizador, a emitir más gases invernadero que nunca. En países como Estados Unidos y Australia, donde, hasta hace poco, la normativa de construcción de casas era escandalosamente laxa en relación con el uso de la energía, ya nos enfrentamos a una insaciable demanda de aparatos de aire acondicionado.

**¿Es posible que, a fin de enfriar nuestros hogares, acabemos cociendo nuestro planeta? ¿Podría llegar a ser el aire acondicionado uno de los causantes de la muerte del Amazonas o de la interrupción de la Corriente del Golfo?**

# 21. ¿El fin de la civilización?

Nuestra civilización se basa en dos pilares: nuestra capacidad para cultivar la suficiente comida para sustentar a un gran número de personas que se ocupan de tareas que no son cultivar comida; y nuestra capacidad para vivir en grupos lo bastante numerosos como para mantener grandes instituciones, como nuestros parlamentos, nuestros tribunales, nuestras escuelas y universidades.

Estas aglomeraciones son, como es evidente, las ciudades; y de sus habitantes, los ciudadanos, deriva la palabra civilización.

Hoy en día, ciudades inmensas constituyen la médula de nuestra sociedad global. A pesar de su gran tamaño, las ciudades son entidades frágiles y necesitan recurrir al exterior para obtener el suministro de sus necesidades básicas: alimento, agua y energía.

**Nuestras ciudades son como las pluviselvas en su complejidad.**

En las ciudades, casi todo el trabajo está especializado. Ya no basta con ser una simple «secretaria»: has de ser una secretaria especializada en medicina o derecho o algo similar. A un médico le conviene más ser especialista en medicina deportiva, proctólogo o geriatra. Es el equivalente, en términos humanos, a ser un *matanim cuscus (Phalanger matanim)* o un sapo dorado. Las pluviselvas son el único entorno en que la energía y la humedad son lo bastante abundantes y regulares como para alimentar a criaturas tan especializadas.

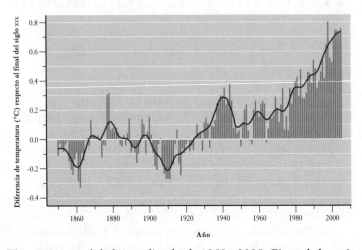

Temperaturas globales medias desde 1850 a 2005. Cinco de los seis años más calurosos se han producido después del año 2000.

Como hemos visto, si a una pluviselva le cortamos el agua o la luz solar durante un breve periodo, es probable que se desmorone y que sus especies especializadas se extingan. Ahora probemos un experimento mental. Pensemos en una ciudad que nos resulte familiar e imaginemos lo que ocurriría si sus ciudadanos se despertaran una mañana y descubrieran que no sale agua del grifo. No podrían lavar la ropa, ni tirar de la cadena, la porquería se acumularía y la gente empezaría a pasar sed enseguida. Imaginemos ahora que se cortara el suministro de gasolina. No se podría repartir la comida, ni se recogería la basura, y la gente no podría ir a trabajar.

¿Acaso puede llegar a ser el cambio climático una amenaza para los recursos vitales de las ciudades? El físico Stephen Hawking ha llegado a afirmar que dentro de 1,000 años, el creciente $CO_2$ hará que hierva la superficie de nuestro planeta, por lo que los humanos tendrán que refugiarse en otra parte. Ésta es una opinión extrema. Más convencional es el parecer de Jared Diamond, autor del éxito de ventas *Colapso: por qué unas sociedades perduran y otras desaparecen*. Según ha descubierto, la razón clave por la que sociedades complejas e instruidas como la civilización maya de Centroamérica sucumbieran radica en el hecho de que agotaron sus recursos.

Un paso rápido a otro tipo de clima podría ejercer una tensión parecida en nuestra sociedad global, pues alteraría la localización de las fuentes de agua y comida, así como su cantidad.

El cambio climático puede intensificar la variabilidad climática, dificultando las previsiones del tiempo a corto y largo plazo. Australia constituye un buen ejemplo de la relación entre la variabilidad climática y el tamaño de la población. A pesar de ser una gran nación, es única en su composición pues está formada de asentamientos muy pequeños o de ciudades muy grandes, pero carece por completo de esas ciudades de tamaño medio que predominan en otras partes del mundo. Esto es consecuencia del ciclo de sequías y riadas que caracteriza su clima.

Las pequeñas poblaciones regionales han sobrevivido porque pueden soportar la sequía. Las grandes ciudades también han sobrevivido porque están integradas en la economía global. Las ciudades de tamaño medio, sin embargo, son vulnerables. Lo que suele ocurrir es que, a medida que avanza la sequía, cierran los concesionarios de maquinaria agrícola y de automóviles. Luego cierra el farmacéutico, el librero y los bancos. Cuando la sequía por fin se interrumpe y la gente vuelve a tener dinero, estos comercios no regresan. La gente se desplaza a ciudades más grandes a comprar lo que necesita, y con el tiempo acaba mudándose.

**Australia es la nación más urbanizada de la Tierra: las ciudades albergan un mayor porcentaje de población que en ninguna otra parte del mundo.**

El ejemplo australiano nos enseña que la variabilidad climática ha fomentado de hecho la formación de ciudades. Pero la única razón por la que las ciudades de Australia sirven de refugio de la variabilidad climática es que obtienen sus recursos de una región más extensa que aquélla afectada por las sequías e inundaciones del continente.

El cambio climático, sin embargo, es un fenómeno global: la Tierra entera sufre variaciones climáticas y fenómenos meteorológicos extremos de mayor intensidad, y las ciudades australianas no son una excepción.

El agua será el primero de los recursos críticos afectados, pues pesa, exige mantener un precio bajo, y no es rentable transportarla a largas distancias. Casi todas las ciudades obtienen su suministro de agua de forma local, en zonas lo bastante pequeñas como para que incluso un cambio climático suave se deje sentir. Alimentos como el cereal, en cambio, son fáciles de transportar y a menudo provienen de lejos, lo que significa que sólo un trastorno verdaderamente global causaría escasez en las ciudades del mundo.

En los últimos diez años, las sequías y unos veranos insólitamente calurosos han provocado una disminución o un estancamiento de las reservas de los graneros del mundo; mientras tanto, ha aumentado en 800 millones el número de bocas adicionales que la humanidad tiene que alimentar. Hasta ahora, hemos sido capaces de afrontar estos impactos relativamente modestos del cambio climático.

Por lo que se refiere al cambio climático, las ciudades se parecen más a las plantas que a los animales: están inmóviles y dependen de intrincadas redes para el abastecimiento de agua, alimento y energía. Debería preocuparnos que bosques enteros se estén muriendo como resultado del cambio climático, pues las ciudades comenzarán a morir de manera parecida cuando sus redes ya no puedan suministrar lo esencial. Esto último podría provocarlo el constante azote de fenómenos meteorológicos extremos, la subida del nivel de los mares, los huracanes, un frío o calor extremos, la falta de agua o las inundaciones, e incluso las epidemias.

No olvidemos que nuestra civilización global está entretejida por el comercio marítimo, y que éste depende de puertos que la subida del nivel de los mares podría volver inutilizables.

**Así pues, ¿llegará el día en que deje de salir agua de los grifos, o en que muchas ciudades del mundo se queden sin energía, comida o combustible?**

En el caso de experimentar un cambio climático muy brusco, un invierno sombrío y casi eterno podría caer sobre las ciudades de Europa y la parte oriental de Norteamérica, acabando con las cosechas y helando puertos, carreteras y cuerpos humanos. Si por lo contrario se diera un calor extremo, provocado por grandes emisiones de $CO_2$ o de metano, quedaría destruida la productividad tanto de los océanos como de la tierra.

La humanidad, naturalmente, sobreviviría a estos desastres, pues la gente persistiría en comunidades más pequeñas y robustas, como pueblos y granjas, emplazamientos que se parecen más a los bosques templados caducifolios que a las pluviselvas. En los pueblos hay relativamente poca gente, al igual que en los bosques templados hay relativamente pocas especies, y los habitantes de ambos lugares son tenaces y tienen muchas habilidades. No hay más que pensar en el arce, con su forma esquelética invernal y su exuberante manifestación veraniega, o en una casa de campo, con su propio depósito de agua y su huerto. Estas características implican que tanto el arce como la familia rural pueden soportar periodos de escasez capaces de destruir una ciudad o una pluviselva.

Hemos visto que la salud humana y la seguridad de disponer de agua y comida están ahora amenazadas por el modesto cambio climático que ya se ha producido.

**Si los humanos siguen haciendo las cosas como hasta ahora a lo largo de la primera mitad de este siglo, creo que el ocaso de la civilización a causa del cambio climático es inevitable.**

¿Por qué hemos hecho tan poco con respecto al calentamiento global? Hace décadas que sabemos que el cambio climático que estamos creando para el siglo XXI es de una magnitud parecida a la que se vio al final de la última glaciación, sólo que se está produciendo treinta veces más rápido. Sabemos que la Corriente del Golfo se interrumpió al menos tres veces al final de la última glaciación, que el nivel de los mares subió al menos 100 metros, y que la agricultura era imposible antes del Largo Verano que comenzó hace 10,000 años.

¿A qué se debe nuestra ceguera? Quizás se deba a nuestra renuncia a mirar semejante horror a la cara y decir: «Eres mi creación».

# Cuarta parte:

# La gente que vive en invernaderos

# 22. La historia del ozono

Una generación entera de niños ha crecido sabiendo que hay un agujero en la capa de ozono y que por eso es tremendamente importante ponerse protección solar, llevar gafas de sol, y un sombrero en verano. Aunque este problema no tiene nada que ver con el incremento del $CO_2$, la historia del ozono nos muestra que la comunidad internacional es capaz de cooperar para resolver problemas medioambientales de proporciones gigantescas.

Así pues, ¿qué es el ozono y por qué es tan importante? El gas que mantiene vivo nuestro cuerpo consiste en dos átomos de oxígeno unidos. Pero en lo alto de la estratosfera, entre 10 y 50 kilómetros por encima de nuestras cabezas, la radiación ultravioleta a veces hace que un átomo adicional de oxígeno se añada al dúo. El resultado es un gas azul celeste conocido como ozono.

El ozono es inestable. Está constantemente perdiendo su átomo adicional, pero la luz solar sigue creando nuevos tríos sin cesar. Esto significa que se mantiene una cantidad constante —unas diez partes por millón (una de cada 100,000 moléculas)— en una estratosfera intacta. Si todo el ozono estratosférico del planeta se dispusiera al nivel del mar, formaría una capa de tan sólo tres milímetros de espesor.

**El ozono es el filtro solar de la Tierra. Nos protege del 95 por ciento de la radiación ultravioleta que alcanza la Tierra.**

Sin el altísimo factor de protección solar del ozono, la radiación UV nos mataría muy deprisa, destrozando nuestro ADN y rompiendo otros enlaces químicos en el interior de nuestras células.

La destrucción de la capa de ozono comenzó mucho antes de que nadie se diera cuenta. En 1928, unos químicos industriales inventaron los clorofluorocarbonos (CFC) y los hidrofluorocarbonos (HFC). Estos inventos resultaron ser muy útiles para la refrigeración, para fabricar espuma de poliestireno, como propulsores para los atomizadores y para los aparatos de aire acondicionado. Su extraordinaria estabilidad química —no reaccionan con otras sustancias— hacía que la gente confiara en que habría pocos efectos secundarios para el medio ambiente.

En 1975, sólo con el uso de los atomizadores, se estaban lanzando ya 500,000 toneladas de estas sustancias a la atmósfera, y allá por 1985, la presencia de los principales tipos de CFC ascendía a 1.8 millones de toneladas. Su estabilidad fue, sin embargo, un factor clave en el daño que causaron, pues se mantienen mucho tiempo en la atmósfera.

El cloro de los CFC es lo que resulta tan destructivo para el ozono. Un solo átomo puede descomponer 100,000 moléculas de ozono, y su capacidad de destrucción se maximiza a temperaturas por debajo de los -43°C. Por eso el agujero del ozono apareció por primera vez en el Polo Sur, donde la estratosfera está a unos gélidos -62°C.

Los investigadores descubrieron que los CFC habían multiplicado por *cinco* los niveles previos de cloro presentes en la estratosfera. A consecuencia del agujero que practicaron en la capa de ozono, la gente que vive al sur de los 40° de latitud está experimentando un espectacular aumento en la incidencia del cáncer de piel. Esto incluye a la gente que vive en el sur de Chile y Argentina, en Tasmania y en la Isla Sur de Nueva Zelanda.

Situada a 53° de latitud Sur, Punta Arenas, en Chile, es la población más meridional de la Tierra. Desde 1994 los índices de cáncer de piel han aumentado allí un 66 por ciento. Incluso más cerca del Ecuador —y de los grandes centros de población— el aumento de los índices de cáncer es evidente. En Estados Unidos, por ejemplo, la probabilidad de tener un melanoma era de 1 entre 250 hace veinticinco años. Hoy en día es de 1 entre 84, y se debe en parte a la reducción del ozono.

La radiación ultravioleta también perjudica el sistema inmunitario y la vista. Los investigadores calculan que por cada decremento del 1 por ciento en la concentración de ozono, los humanos —y cualquier otra criatura con ojos— experimentarán un aumento del 0.5 por ciento de los casos de cataratas. Cuando se padece esta condición, las lentes de los ojos se van volviendo opacas hasta que, tarde o temprano, uno se queda ciego. Un 20 por ciento de los casos de cataratas se deben a los daños causados por la radiación UV, por lo que parece que la tasa de este tipo de ceguera está destinada a subir rápidamente, sobre todo entre la población que carece de medios para protegerse.

El impacto de los rayos UV se percibirá también en todo el ecosistema. Las plantas microscópicas unicelulares que constituyen la base de la cadena trófica del océano están gravemente afectadas, al igual que las larvas de muchos peces, desde la anchoa hasta la caballa. De hecho, cualquier criatura que crece al aire libre está en peligro. La agricultura tampoco escapa a sus efectos. La producción de cosechas, como por ejemplo los guisantes y las alubias, desciende un 1 por ciento por cada punto adicional de radiación UV recibido.

A principios de los años setenta, los investigadores comenzaron a advertir de la calamidad que se avecinaba, pero aún no tenían pruebas concluyentes de la relación entre los CFC y la destrucción de la capa de ozono. Las imágenes en color del agujero de ozono que aparecieron en las pantallas de televisión de todo el mundo convencieron a millones de personas de que había que reaccionar, aun cuando sólo fuera como medida de precaución. Los políticos se vieron bombardeados con cartas en las que se les pedía que se prohibieran los CFC.

La empresa DuPont, responsable de la fabricación de casi todas estas sustancias, lanzó junto con otros productores una campaña masiva de relaciones públicas dirigida a desacreditar la relación entre sus productos y el problema.

Sin embargo la preocupación de la opinión pública no se apaciguó. A pesar de las sonoras protestas de la industria por los costos implícitos, representantes de numerosos países se reunieron en Montreal en 1987 y firmaron un protocolo en el que se comprometían a retirar de manera progresiva las sustancias químicas perjudiciales. Aquel mismo año se presentaron las pruebas científicas definitivas del vínculo entre los CFC y la reducción del ozono.

Hoy en día sabemos lo importante que fue el Protocolo de Montreal. De no haberse aprobado, en 2050 las latitudes medias del hemisferio norte (donde viven casi todos los seres humanos) habrían perdido la mitad de su protección contra los rayos UV, mientras que las latitudes equivalentes en el hemisferio sur habrían perdido el 70 por ciento. De hecho, gracias al Protocolo, en 2001 se pudo comprobar que el daño real se había limitado a aproximadamente una décima parte de aquellas previsiones.

En un principio, no todos los países estaban obligados por el Protocolo de Montreal. De hecho, China todavía produce CFC, y es posible que siga contaminando hasta 2010, fecha en la que, según el tratado, debe dejar de hacerlo. Sin embargo su producción es limitada porque las nuevas sustancias químicas sustitutivas son mucho mejores.

En 2004 el agujero de la capa de ozono que está sobre el Antártico se redujo en un 20 por ciento. Como el tamaño del agujero cambia de año en año, no podemos estar seguros de que este decremento señale el fin del problema. No obstante, los científicos se muestran optimistas y creen que dentro de cincuenta años la capa de ozono habrá recuperado su fuerza original.

**El Protocolo de Montreal es nuestra primera victoria sobre un problema de contaminación global.**

Sería de esperar que tras un éxito tan asombroso y completo, las naciones de la Tierra saltaran sobre la ocasión de reducir el calentamiento global. Al principio, de hecho, se mostró gran entusiasmo por la creación de un tratado internacional para limitar las emisiones de gases invernadero. En 1997, los líderes de numerosas naciones se reunieron en la ciudad japonesa de Kyoto para negociar las condiciones de dicho tratado.

El encuentro prometía tanto. Entonces, ¿qué ocurrió?

# 23. El camino a Kyoto

El Protocolo de Kyoto es casi tan famoso como el agujero de la capa de ozono. Establece unos objetivos modestos para conseguir una reducción de las emisiones de $CO_2$ en torno al 5 por ciento. Sin embargo cuatro naciones —Estados Unidos, Australia, Mónaco y Liechtenstein— se han negado a ratificarlo, pues de hacerlo estarían obligadas a actuar de acuerdo con sus reglas, y el tratado ha sido duramente rebatido. ¿Por qué?

El suministro de energía puede ser muy rentable. En el mundo desarrollado, el uso de la energía crece a un ritmo de un 2 por ciento anual o algo menos. Con un crecimiento tan bajo, la única manera que un sector como el de la energía eólica, el gas o el carbón tiene de expandirse es quedándose con una parte de otro sector. Como Kyoto tendrá una gran influencia sobre el resultado, se está celebrando una furiosa batalla entre ganadores y perdedores potenciales.

El Protocolo de Kyoto también ha creado una gran división entre los que están seguros de que es esencial para la supervivencia de la Tierra y los que se oponen ferozmente por motivos económicos y políticos. Dentro de este último grupo, muchos creen que Kyoto presenta muchos fallos económicos y es poco realista desde el punto de vista político. Otros creen que todo el asunto del cambio climático es una chorrada.

Kyoto está aún dando sus primeros pasos, pero a pesar de la controversia que suscita, no cabe duda de que influirá en todas las naciones durante las próximas décadas.

El camino a Kyoto comenzó en 1985, cuando se presentó, durante un congreso científico celebrado en Villach, Austria, la primera evaluación fidedigna de la magnitud del cambio climático al que se enfrentaba el mundo. En 1992, durante la Cumbre de la Tierra de Río de Janeiro, 155 naciones firmaron la Convención Marco de Naciones Unidas sobre el Cambio Climático, que señalaba el año 2000 como la fecha límite para que las naciones signatarias redujeran sus emisiones a los niveles de 1990. Aquel objetivo resultó ser exageradamente optimista.

Cinco años después de prolongadas negociaciones, los países que habían firmado la Convención Marco se volvieron a reunir en diciembre de 1997 en Kyoto, Japón, y llegaron a un nuevo acuerdo con respecto a la reducción de emisiones. El Protocolo de Kyoto, que debía ser ratificado por cada país, establecía dos cuestiones fundamentales: los objetivos de emisión de gases invernadero para los países desarrollados, y el comercio de emisiones de los seis gases invernadero más importantes, un negocio valorado en 10,000 millones de dólares.

**El comercio de emisiones creó una nueva moneda, una especie de «carbodólar».**

Los objetivos permitían a los países signatarios crear presupuestos nacionales de carbono. El comercio del carbono —es decir, el pago por el derecho a contaminar— permite a las industrias reducir sus emisiones de forma rentable. Pueden ganar créditos de carbono reduciendo sus emisiones, y vender estos créditos a industrias más contaminantes. Las empresas que reducen sus emisiones son recompensadas y los productos de aquellas empresas que siguen contaminando acaban siendo más caros.

Parece un plan sensato. Sin embargo habría que esperar a 2004, siete años después de que acordaran emprenderlo, para que un número suficiente de naciones ratificaran el tratado y éste cobrara por fin vida.

Puede que la crítica más condenatoria que se haya hecho del Protocolo de Kyoto sea que es tan ineficaz como un tigre sin dientes. Sus objetivos se limitan a una reducción

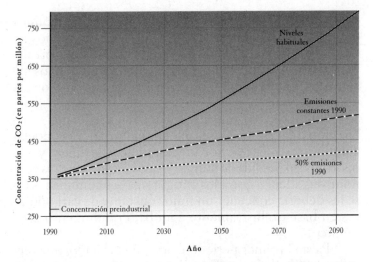

Se requieren grandes reducciones de $CO_2$ para estabilizar el clima de la Tierra. La primera fase del Protocolo de Kyoto busca reducir las emisiones a un 5 por ciento menos que los niveles de 1990, no obstante se necesitaría reducir a más de la mitad de dichos niveles para estabilizar la concentración de $CO_2$ de la atmósfera.

media de las emisiones de $CO_2$ entre 1990 y 2012 de un mero 5.2 por ciento. La velocidad del cambio climático es ya tal que este objetivo es casi irrelevante.

Si hemos de estabilizar el clima, el objetivo de Kyoto debe multiplicarse por doce: se necesita una reducción del 70 por ciento de aquí a 2050 para que el $CO_2$ atmosférico se limite al doble de los niveles de la época preindustrial. Éste debería ser el reto para fases futuras del tratado.

El Protocolo estableció objetivos distintos para cada país participante, que oscilan entre el 92 y el 110 por ciento. Aunque han ratificado el Protocolo, países en desarrollo como China y la India están exentos de objetivos de emisiones durante la primera fase de puesta en funcionamiento del tratado —hasta el año 2012—.

La cuestión se complica cuando se tienen en cuenta las economías de las naciones. Los Estados de Europa del Este, por ejemplo, han padecido una ruina económica desde 1990, y producen hoy un 25 por ciento menos de $CO_2$ que entonces. Como Kyoto les asigna unos presupuestos de carbono de un 8 por ciento menos que los niveles de 1990, poseen valiosos créditos de carbono con los que comerciar.

Estos créditos, que no contribuyen a reducir el cambio climático en los países que los compran, se conocen como «aire caliente». Son un desperdicio de dinero y una oportunidad perdida de mitigar las emisiones. Muchos economistas aducen que a los antiguos países comunistas no se les debería conceder un flujo constante de carbodólares en base exclusivamente a un bajo rendimiento económico.

Para el primer periodo fijado en el tratado, que termina en 2012, la Unión Europea dispone de un presupuesto de carbono de un 8 por ciento menos de emisiones que en 1990 y Estados Unidos un 7 por ciento menos. Australia, por lo contrario, tiene un presupuesto de un 8 por ciento *más* de lo que emitió entonces. Sólo Islandia obtuvo un objetivo aún más generoso, con un aumento del 10 por ciento. ¿Fue éste un resultado justo? ¿Cómo se llegó a él?

**Australia tiene la mayor tasa de emisiones de gases invernadero per cápita de todos los países industrializados —un 25 por ciento más alta que Estados Unidos—.**

La delegación australiana que fue a Kyoto argumentó que las especiales circunstancias de Australia —entre ellas, una fuerte dependencia de los combustibles fósiles, necesidades de transporte especiales (al tratarse de un continente grande y escasamente poblado) y un sector de exportación que consume mucha energía— entrañaban un costo prohibitivo para el país si quería cumplir los objetivos de Kyoto, por lo que precisaban algunas concesiones.

El noventa por ciento de la electricidad de Australia se genera quemando carbón. Esto se hace más por elección que por necesidad. Australia posee además el 28 por ciento del uranio del mundo y la mejor fuente de energía geotérmica del planeta —la energía se obtiene a partir de agua extremadamente caliente que se encuentra enterrada dentro de las rocas en la corteza terrestre—. Australia disfruta además de una sobreabundancia de recursos solares y eólicos de alta calidad. La preocupación por el cambio climático lleva debatiéndose en Australia más de treinta años. El hecho de que la nación siga siendo hoy tan dependiente del carbón parece resultado de una mala decisión económica. ¿Debería ser recompensado un país por ello?

El argumento del transporte tampoco se sostiene. Australia es grande, pero su población es principalmente urbana, de manera que el 60 por ciento del combustible para transporte se utiliza en zonas urbanas. En cuanto a que sus exportaciones requieren mucha energía, Australia no corre más riesgos en este aspecto que Alemania, Japón y Holanda —todos ellos partidarios acérrimos de Kyoto—.

En la fecha límite de las negociaciones en 1997 aún no se había llegado a ningún consenso; el reloj que marcaba el fin de la conferencia se detuvo a medianoche, pero los delegados siguieron discutiendo hasta la madrugada. Cuando se leyó el texto por última vez, el líder de la delegación australiana, el senador Robert Hill, se puso en pie y sacó a colación un tema nuevo: en el caso australiano, había que tener en cuenta la tala de bosques.

Argumentaba que, al proteger los bosques, Australia estaba almacenando $CO_2$. Y como la tala de bosques para ganar suelo agrícola había disminuido desde 1990, el año que servía de referencia, estábamos ante un caso de «aire caliente» parecido al de Europa del Este: Australia podría cumplir los requisitos del Protocolo de Kyoto sin tener que hacer nada para reducir sus emisiones de carbono. Enfrentados a la disyuntiva de aceptar esta petición o ver fracasar la reunión, los delegados accedieron a hacer la concesión.

El senador Hill fue recibido con una ovación entusiasta a su regreso a Australia, y aun así, ¡su país sigue negándose a ratificar Kyoto con la excusa de que, de todos modos, alcanzará sus objetivos! Si todo esto los deja perplejos, no se preocupen; al resto del mundo le pasa lo mismo. Resulta fácil irritarse ante una actitud tan interesada y turbia en las negociaciones.

Por otra parte, la negativa de Australia es mala para los negocios. Países como Japón —que compra carbón australiano— tienen que comprar créditos para compensar sus emisiones resultantes de quemar carbón. Pero dado que Australia no ha ratificado el Protocolo, no se pueden crear créditos de carbono aunque cumpla la cuota. Por lo tanto, las ventajas de los créditos irán a parar a un tercer país —quizás Nueva Zelanda, que sí ha ratificado el tratado—.

Quienes refrendan la nueva moneda de cambio aducen que el comercio de carbono puede disminuir de manera drástica el costo que implica cumplir los objetivos de emisiones. Y el uso del comercio de emisiones como herramienta para reducir la contaminación ha demostrado ser eficaz en el pasado. El sistema fue inventado en Estados Unidos en 1995 para abordar el problema de la contaminación de dióxido de azufre procedente de la combustión de carbón. Fue un gran éxito, y desde entonces ha sido adoptado para algunos otros agentes contaminantes.

Así es como funciona el comercio de emisiones: un regulador impone la necesidad de una autorización para el agente contaminante, y restringe el número de autorizaciones disponibles. Los permisos se otorgan según una base proporcional a las empresas contaminadoras, o bien se subastan. Los emisores para los que reducir su contaminación supone un costo demasiado alto compran entonces permisos a aquéllos que pueden llevar a cabo la transición más fácilmente. Entre las ventajas del sistema están su transparencia y facilidad de administración, el mensaje de que el precio se basa en el mercado, las oportunidades de creación de empleo y nuevos productos, y la reducción de costos a la hora de disminuir los agentes contaminantes.

He aquí dos preguntas para aquéllos que critican el Protocolo de Kyoto o exigen su abandono inmediato: ¿qué opciones recomiendan para sustituirlo, y cómo proponen garantizar un amplio acuerdo internacional para dicha alternativa? A día de hoy, no se ha sugerido respuesta alguna a estas preguntas.

**El Protocolo de Kyoto es el único tratado internacional que existe para combatir el cambio climático.**

# 24. Costos, costos, costos

Los gobiernos de Estados Unidos y Australia dicen que se niegan a ratificar Kyoto porque les costaría demasiado. Creen que una economía fuerte es la mejor garantía contra sobresaltos futuros, y ambos vacilan en hacer cualquier cosa que pueda ralentizar su economía.

El descenso de emisiones necesario para cumplir con la primera ronda de objetivos de Kyoto de aquí a 2012 será muy modesto. Esto debería garantizarnos que cumplir con Kyoto no llevará a nuestras naciones a la bancarrota. Incluso es posible que, a largo plazo, favorezca a nuestras economías, pues dirige la inversión hacia nuevas infraestructuras.

No obstante, para tomar una decisión realmente bien informada acerca de Kyoto —o de propuestas más radicales— hemos de saber cuál es el costo de no hacer nada. Ni el gobierno de Estados Unidos ni el de Australia han llevado a cabo aún este ejercicio.

El Centro Nacional de Datos Climáticos enumera diecisiete fenómenos meteorológicos ocurridos entre 1998 y 2002 que costaron más de 1,000 millones de dólares cada uno. Entre ellos hay sequías, riadas, temporadas de incendios, tormentas tropicales, granizadas, tornados, olas de calor, tormentas de hielo y huracanes. El más caro de estos eventos fue la sequía de 2002, que costó 10,000 millones de dólares. Todos estos, por supuesto, no tienen ni punto de comparación con los costos de los huracanes Rita y Katrina.

**Los costos de no hacer nada con respecto al clima son astronómicos.**

En las cuatro últimas décadas, el negocio de las aseguradoras ha cargado con el peso de enormes pérdidas causadas por los desastres naturales. Un buen ejemplo de ello es el impacto de El Niño en 1998. Se calcula que en los once primeros meses de aquel año las pérdidas relacionadas con el clima alcanzaron los 89,000 millones de dólares, murieron 32,000 personas y otros 300 millones se quedaron sin hogar. Estos daños superaron el total de pérdidas de la década de 1980.

Desde los años setenta, las pérdidas de las compañías de seguros han aumentado a un ritmo anual del 10 por ciento, alcanzando los 100,000 millones de dólares en 1999. Semejante ritmo en el aumento implica que en torno a 2065, la factura de daños resultante del cambio climático podría igualar el valor total de todo cuanto la humanidad es capaz de producir en el curso de un año.

En algún momento de este siglo llegará el día en que la influencia humana sobre el clima supere con creces la de todos los factores naturales. Entonces ya no podremos seguir hablando de actos de Dios, pues cualquiera de nosotros podría haber previsto las consecuencias que continuar vertiendo $CO_2$ a la atmósfera tendría sobre nuestro clima. Por el contrario, el sistema judicial tendrá que asignar la culpa y la responsabilidad de las acciones humanas que han provocado el nuevo clima.

Este proceso ya ha comenzado. A finales de 2004, la comunidad inuit, que se compone de unas 155,000 personas, pretendió que la Comisión Interamericana de Derechos Humanos dictara sentencia acerca de los daños provocados por el calentamiento global a su cultura.

Imagina, durante un momento, que eres un adolescente inuit y vives en el Ártico. Estás experimentando un ritmo de cambio climático el doble de rápido que la media del planeta. Los jóvenes que conducen las camionetas que llevan los víveres a los asentamientos más remotos por «carreteras de hielo» invernales se caen al lago porque el hielo es demasiado fino. Durante el invierno de 2005-2006, cinco hombres murieron así, lo que lleva a los inuit más mayores a decir que el cambio climático está matando a sus hombres jóvenes. Tu alimento tradicional —las focas, los osos y los caribúes— se está desvaneciendo, y tu tierra está desapareciendo literalmente bajo tus pies. ¿Qué harías tú?

La aldea de Shishmaref, en Alaska, se está haciendo inhabitable debido al aumento de las temperaturas, que reduce el mar helado y derrite el permafrost permitiendo que la costa sea vulnerable a la erosión. El mar ya ha engullido centenares de metros cuadrados de tierra y más de una docena de casas, por lo que se está planeando trasladar a toda la población —a un costo de más de 100,000 dólares por residente—.

El problema de Shishmaref es especialmente conmovedor. Su población se compone de apenas 600 personas, pero tiene al menos 4,000 años de antigüedad, y parece que sus habitantes van a convertirse en los primeros refugiados del cambio climático. ¿Adónde van a ir?

Puede que un dictamen favorable de la Comisión les permita o bien demandar al gobierno de Estados Unidos o a las empresas estadounidenses. En cualquier caso, es probable que los inuit se remitan a la Declaración Universal de los Derechos Humanos, que afirma que «todo el mundo tiene derecho a una nacionalidad», y que «nadie será privado de su propiedad arbitrariamente», y al Pacto Internacional de Derechos Civiles y Políticos de Naciones Unidas, que sostiene que «en ningún caso se puede privar a un pueblo de sus propios medios de subsistencia».

Otros habitantes de tierras vulnerables al cambio climático son los cinco países atolón soberanos que hay en el Pacífico. Los atolones son anillos de arrecifes de coral que rodean una laguna; esparcidas sobre lo alto del arrecife, hay islas e isletas cuya altura media es de apenas dos metros por encima del nivel del mar. Kiribati, Islas Marshall, Tokelau y Tuvalu consisten sólo en atolones y albergan, entre todas, a medio millón de personas.

Parece inevitable que, como resultado de la destrucción de los arrecifes de coral del mundo, del aumento del nivel de los mares y de la intensificación de los fenómenos meteorológicos estas naciones sean destruidas por el cambio climático a lo largo de este siglo.

En la fase anterior a las conversaciones de Kyoto, Australia coaccionó a sus vecinos de las islas del Pacífico para que renunciaran a su postura de que el mundo debía tomar «firmes medidas» para combatir el cambio climático. «Al ser pequeños, dependemos tanto de ellos que tuvimos que ceder», dijo el primer ministro de Tuvalu, Bikenibu Paeniu, después de la Conferencia del Pacífico Sur, en la que Australia puso sus exigencias sobre la mesa.

Uno de los comentarios más infames jamás pronunciados en este contexto es el que hizo el principal asesor económico sobre el cambio climático del gobierno australiano, el doctor Brian Fisher, pues afirmó que sería «más eficaz» evacuar las pequeñas islas-Estado del Pacífico que exigir a las industrias de Australia que reduzcan las emisiones de dióxido de carbono.

Cualquier solución a la crisis del cambio climático debe basarse en los principios de justicia natural. Después de todo, si los gobiernos democráticos no actúan voluntariamente según estos principios, puede que los tribunales los obliguen a hacerlo. De ser así, el principio según el cual «el que contamina paga» será primordial, pues el que contamina es también quien debería compensar a la víctima.

Antes del Protocolo de Kyoto, todos los individuos poseían un derecho ilimitado a contaminar la atmósfera con gases invernadero. Ahora, las 162 naciones que lo han ratificado tienen un derecho reconocido de manera internacional a contaminar dentro de unos límites. ¿En qué posición deja esto a Estados Unidos y Australia, que se negaron a ratificar el tratado?

**Seguimos resistiéndonos a enfrentarnos al cambio climático. Si los científicos predijeran el regreso inminente de una época de glaciaciones, estoy seguro de que la respuesta sería más contundente.**

La expresión «calentamiento global» crea la ilusión de un futuro cálido. Somos una especie esencialmente tropical que se ha extendido por todos los rincones del planeta, y el frío ha sido desde siempre nuestro mayor enemigo. Desde el principio lo hemos asociado a la incomodidad, la enfermedad y la muerte, mientras que el calor es la esencia de todo lo bueno —el amor, el confort y la vida misma—.

Nuestra respuesta evolutiva a la amenaza del frío se ve más claramente en los más jóvenes. Niños rescatados de un estanque helado horas después de haber caído dentro han sobrevivido porque, a lo largo de milenios, sus cuerpos han creado defensas contra la omnipresente amenaza de morir congelados. Y los padres, como es natural, hacen todo lo que está en su mano para proteger a sus retoños del frío, incluso en nuestra época actual.

Nuestra fuerte resistencia psicológica a pensar que un «calentamiento» podría ser algo malo hace que nos engañemos con respecto a la naturaleza del cambio climático. Este punto débil ha sumido a mucha gente —incluida gente instruida— en la confusión.

# 25. La gente que vive en invernaderos no debería contar mentiras

La oposición a reducir las emisiones de gases invernadero es especialmente virulenta en Estados Unidos. El sector energético estadounidense está repleto de empresas de renombre con mucho dinero que utilizan su influencia para combatir cualquier preocupación por el cambio climático, para destruir a cualquiera que pretenda retarlas y para oponerse a cualquier paso hacia una mayor eficiencia energética.

En la década los setenta, Estados Unidos lideraba la innovación en el campo de la conservación de la energía, la fotovoltaica —que consiste en convertir la luz en energía— y la energía eólica. Hoy en día, está a la cola de otros países en este campo. Durante las últimas dos décadas, algunos miembros de la industria de combustibles fósiles han trabajado sin tregua para evitar que el mundo tomara medidas serias para combatir el cambio climático.

Los productores estadounidenses de carbón han tenido un papel protagonista en esta campaña. En los años noventa, Fred Palmer, ahora vicepresidente de la compañía Peabody Energy, el productor de carbón más grande del mundo, lideró una campaña que sostenía que la atmósfera de la Tierra tenía «un déficit de dióxido de carbono», y que producir más $CO_2$ traería una época de verano eterno. De la misma manera que el director ejecutivo de una fábrica de armas podría argumentar que una guerra nuclear sería buena para el planeta, Peabody Energy pretendía crear un mundo con un $CO_2$ atmosférico de unas 1,000 partes por millón.

Las ideas de Palmer fueron la base del vídeo de propaganda *The Greening of Planet Earth (El reverdecimiento del planeta Tierra)*, que promovía la «fertilización» de la Tierra con $CO_2$ a fin de que las cosechas aumentaran entre un 30 y un 60 por ciento y se acabara así con el hambre en el mundo. Mientras los científicos se desternillaban de risa ante tan absurdas falsedades, mucha gente acabó confundida.

Por otra parte, algunas compañías del sector de combustibles fósiles están desempeñando un papel activo en combatir el cambio climático. La empresa BP, por ejemplo, ha decidido adoptar una visión lúcida del cambio climático y optar por ir «más allá del petróleo», por lo que ha realizado un recorte del 20 por ciento de sus emisiones de $CO_2$, consiguiendo incluso hacer beneficios con ello. BP es hoy uno de los mayores productores del mundo de células fotovoltaicas.

El primer ministro británico, Tony Blair, comprende perfectamente la base científica del problema. Según sus propias palabras, el calentamiento global es «un desafío tan trascendental en su impacto y tan irreversible en su poder destructivo, que altera de manera radical la existencia humana. [...] No cabe duda de que el momento de actuar es ahora».

En 2003, las emisiones de $CO_2$ de Gran Bretaña habían disminuido un 4 por ciento con respecto a las de 1990. Entre los hitos de este periodo encontramos la creación de la Fundación del Carbono —que ayuda a las empresas a abordar la cuestión del uso de la energía—, la obligación por parte de los proveedores de electricidad de obtener un 15.4 por ciento de ésta a partir de fuentes renovables, e importantes inversiones en el desarrollo de la energía mareomotriz —energía generada por las olas y las mareas—. Gran Bretaña está considerando también expandir su capacidad energética nuclear.

Estos debates respecto a cómo pasar de los combustibles fósiles a fuentes de energía renovables no puede más que intensificarse.

### ¿Podemos encontrar soluciones al problema del calentamiento global al tiempo que seguimos usando combustibles fósiles?

La industria del carbón está promoviendo ahora la idea de bombear $CO_2$ bajo tierra a fin de retirarlo de la atmósfera. El proceso, conocido como la captura y secuestro de carbono, tiene un enfoque sencillo: la industria volvería a enterrar el carbono que extrajo previamente de la tierra.

Las compañías petroleras y de gas llevan años bombeando $CO_2$ bajo tierra. Un buen ejemplo de esta práctica es el de los campos petrolíferos noruegos de Sleipner, en el mar del Norte, donde alrededor de un millón de toneladas de $CO_2$ son bombeadas bajo tierra cada año. El gobierno noruego grava con un impuesto de 40 dólares por tonelada las emisiones de $CO_2$. Esto le proporciona un incentivo a Sleipner, pues así le compensa separar el $CO_2$ que se extrae con el petróleo y bombearlo de nuevo en el interior de las rocas.

En algunos otros pozos del mundo, el $CO_2$ se vuelve a bombear a la reserva petrolífera, lo que ayuda a mantener la presión del cabezal del taladro y ayuda en el proceso de recuperación del petróleo y el gas, por lo que toda la operación resulta más rentable. Las compañías aseguran que «casi todo» el $CO_2$ se queda bajo tierra. No obstante, el modelo no se puede aplicar directamente a la industria del carbón.

Los problemas del carbón comienzan en la chimenea. El flujo de $CO_2$ que se emite allí está relativamente diluido, por lo que atrapar el $CO_2$ es poco realista. La industria está apostando por un nuevo proceso conocido como gasificación del carbón, que crea un flujo de $CO_2$ más concentrado que puede ser capturado y enterrado. Estas plantas no son baratas de mantener: alrededor de una cuarta parte de la energía que producen se consume tan sólo en mantenerlas en funcionamiento. Construirlas a escala comercial será caro, y se tardará décadas en realizar una contribución significativa a la producción de energía.

Supongamos que se construyen algunas plantas y que se captura el $CO_2$ que éstas emiten. Por cada tonelada de antracita que se quema, se generan 3.7 toneladas de $CO_2$, las cuales han de ser almacenadas. Las rocas que producen carbón no suelen ser útiles para almacenar $CO_2$, lo que significa que hay que transportar el gas lejos de las centrales eléctricas. En el caso de las minas de carbón australianas del Valle Hunter, por ejemplo, hay que cruzar la Gran Cordillera Divisoria de Australia y transportarlo cientos de kilómetros al oeste hasta un emplazamiento adecuado.

Una vez el $CO_2$ llega a su destino, hay que comprimirlo hasta que sea líquido para poder inyectarlo en el suelo —un paso que habitualmente consume un 20 por ciento de la energía producida al quemar el carbón en un primer momento—. A continuación hay que practicar un agujero de 1 kilómetro de profundidad e inyectar el $CO_2$. De entonces en adelante, hay que controlar de cerca la formación geológica; si el gas llegara a escapar algún día, puede ser mortal.

**Los mineros de antaño llamaban al $CO_2$ concentrado «asfixia húmeda»,[*] un nombre muy apropiado, pues ahoga al instante a sus víctimas.**

---

[*] *Choke-damp* en el original. El nombre que se da en español a este gas es «mofeta».*(N. del t.)*

El mayor desastre ocurrido recientemente a causa del $CO_2$ se produjo en 1986 en Camerún, África central. El lago Nyos, formado en el cráter de un volcán, expulsó burbujas de $CO_2$ en el aire tranquilo de la noche, y el gas se depositó en la orilla del lago. Mató a 1,800 personas y a miles de animales, tanto salvajes como domésticos.

Nadie sugiere enterrar $CO_2$ en regiones volcánicas como Nyos, así que es improbable que los sumideros de $CO_2$ creados por la industria causaran un desastre similar. No obstante, la corteza terrestre no es un recipiente construido con propósito de contener $CO_2$, y el almacenaje debe durar miles de años. El riesgo de un escape debe tomarse en serio.

La cantidad de $CO_2$ que habría que enterrar es inconcebible. Tomemos como ejemplo un país como Australia, con una población relativamente escasa. Imaginemos una montaña de bidones de 200 litros, de 10 kilómetros de largo y cinco de ancho, apilados de diez en diez. Ésta sumaría los más de 1,300 millones de bidones que se necesitan para contener el $CO_2$ que vierten las 24 centrales eléctricas de carbón de Australia, que da energía a 20 millones de personas *cada día*. Incluso una vez comprimido en forma líquida, dicha producción diaria seguiría ocupando el tercio de un kilómetro cúbico, ¡y eso que Australia sólo es responsable del 2 por ciento de las emisiones globales!

Imaginemos lo que supondría inyectar 20 kilómetros cúbicos de $CO_2$ líquido en la corteza terrestre cada día del año en el próximo par de siglos.

Si intentásemos enterrar todas nuestras emisiones del carbón, el mundo se quedaría muy pronto sin tanques de primera calidad cerca de las centrales eléctricas. Hay suficientes reservas de combustible fósil en el planeta para crear 5 billones de toneladas de $CO_2$. ¿Cómo puede la Tierra engullir semejante volumen sin sufrir una fatal indigestión?

Todo indica que la alternativa de la captura y secuestro de carbono jugará, en el mejor de los casos, un papel secundario en el futuro energético del mundo —como mucho un 10 por ciento del total en 2050—.

Existen otras formas de secuestro o almacenaje de carbono que son vitales para el futuro del planeta y no conllevan riesgo alguno. La vegetación y los suelos de la Tierra sirven de depósito para grandes cantidades de carbono, y son elementos críticos en el ciclo del carbono. Hoy en día el mundo está deforestado en su mayor parte y sus suelos están agotados, pero se podrían impulsar estos depósitos de carbono mediante la práctica de una agricultura y una ganadería sostenibles.

Estos métodos aumentan el mantillo vegetal —en su mayor parte carbono— del suelo. En la actualidad hay mucho carbono acumulado de este modo —unas 1,800 gigatoneladas—; más del doble del que se acumula en la vegetación viva —493 gigatoneladas—. En este aspecto cabe la posibilidad de que las cosas mejoren, gracias a iniciativas que van desde el cultivo orgánico de alimentos a una gestión sostenible de las dehesas.

¿Podemos almacenar carbono en bosques y productos forestales longevos? Esto implica plantar bosques o preservar los que hay. El gobierno de Costa Rica salvó medio millón de hectáreas de pluviselva tropical de la tala. Esto le acarreó créditos de carbono equivalentes a la cantidad de $CO_2$ que habría entrado en la atmósfera de haberse tocado los bosques.

Otro ejemplo es la iniciativa de BP de financiar la plantación de 25,000 hectáreas de pinos en Australia occidental para compensar las emisiones de su refinería cerca de Perth.

Aunque los árboles de los bosques están destinados a ser talados y utilizados, pueden ser un buen depósito de carbono a corto plazo, pues los muebles y las viviendas que producen tienen una larga vida, y las raíces de los árboles talados —junto con su carbono— se quedan en el suelo.

**El carbono contenido en el carbón ha permanecido encerrado en un lugar seguro durante cientos de**

**millones de años, y allí se quedará millones de años más si dejamos de desenterrarlo.**

El carbono almacenado en los bosques o en el suelo probablemente no permanezca más de unos cuantos siglos fuera de circulación. De hecho, al canjear reservas de carbón por depósitos forestales de carbono, estamos cambiando una garantía a largo plazo por un apaño.

No obstante, los científicos siguen trabajando en el problema de conseguir un almacenaje seguro y estable para el carbono, y quizá, con el tiempo, se encuentre una solución. Mientras tanto, la competencia proveniente de combustibles menos densos en carbono se presenta como una alternativa más sencilla y cada día más barata.

# 26. ¿Últimos peldaños de la escalera al cielo?

Para mucha gente, la solución al problema del cambio climático se asemeja a subir una escalera imaginaria de combustibles. Cada peldaño contiene una cantidad cada vez menor de carbono.

Según este argumento, ayer fue el peldaño del carbón, hoy es el del petróleo y mañana será el del gas natural. Cuando la economía global realice la transición al hidrógeno —un combustible que no contiene carbono—, por fin se alcanzará el cielo.

Los avances tecnológicos, los altos precios del petróleo y su inminente escasez, y la necesidad de un combustible más limpio que sustituya al carbón son todos factores que han contribuido en transformar la economía del gas. Hoy en día, éste es un gran negocio. El avance más importante consistió en refrigerar el gas, de modo que pudiera transformarse en un líquido extremadamente frío, permitiendo así que su transporte a grandes distancias, en barcos construidos a propósito, fuera más rentable. Gracias al desarrollo del comercio marítimo internacional, y a que las grandes corporaciones están invirtiendo miles de millones en construir gasoductos, parece que el gas va a ser el combustible preferido del siglo XXI.

Aunque el gas es un combustible más caro que el carbón, tiene muchas ventajas que lo hacen ideal para producir electricidad. Cuesta la mitad construir una central eléctrica por combustión de gas que una de carbón, y se puede hacer de varios tamaños. En lugar de tener un único generador de electricidad gigantesco situado a gran distancia, como ocurría con el carbón, se puede instalar una serie de pequeños generadores de combustión de gas, lo que supone un ahorro en pérdidas de transmisión. Además, éstos se pueden encender y apagar rápidamente, por lo que son ideales para complementar fuentes intermitentes de generación de energía como la eólica o la solar.

Más del 90 por ciento de la electricidad generada en la actualidad en Estados Unidos se produce de combustión de gas, y en todo el mundo, el gas se está convirtiendo en el combustible preferido. A pesar de todo, el gas no carece de problemas, entre ellos las cuestiones de seguridad y la posibilidad de ataques terroristas a las grandes plantas o a los gasoductos. Y como el metano es un poderoso gas invernadero, tenemos que prever posibles fugas. Las viejas tuberías de hierro utilizadas para distribuir el gas en las ciudades a menudo tienen escapes.

Aun cuando todas las centrales eléctricas de carbón de la Tierra fueran reemplazadas por centrales de combustión de gas, las emisiones globales de carbono sólo se reducirían en un 30 por ciento. De modo que si nos quedáramos en este peldaño de la escalera energética, seguiríamos enfrentándonos a un importantísimo cambio climático.

**Dado este escenario, la transición al hidrógeno es imperativa. ¿Qué probabilidades hay de llevarla a cabo?**

Desde que se acuñó la expresión «economía del hidrógeno», el hidrógeno parece ser, para mucha gente, la solución mágica a los males del calentamiento global del mundo. Pero hay muchos detalles que le hacen perder la magia.

Es importante que entendamos que el hidrógeno es un portador de energía —como una batería—. La energía que contiene tiene que proceder de otra fuente, y si esa fuente es un combustible fósil, entonces se crearán emisiones de $CO_2$ en el proceso.

La fuente de electricidad de la economía del hidrógeno es la pila de hidrógeno; básicamente es una caja que no tiene partes móviles, en la que entran oxígeno e hidrógeno y de la que salen agua y electricidad. Las pilas más prometedoras para la producción estacionaria de electricidad se conocen como pilas de carbonato líquido, y operan a una temperatura de unos 650°C. Son extremadamente eficientes pero tardan mucho en alcanzar la temperatura necesaria para funcionar. Por otra parte son muy grandes —un modelo de 250 kilovatios posee el tamaño de un vagón de tren—, lo que las hace inapropiadas para vehículos de motor.

¿Cómo podríamos utilizar el hidrógeno como un combustible para el transporte? Se necesitarían pilas de hidrógeno más pequeñas que funcionaran a temperaturas más bajas. Algunos fabricantes de vehículos de motor, entre los que se incluyen Ford y BMW, planean introducir en el mercado motores de combustión interna de hidrógeno. Y la administración Bush tiene previsto invertir 1,700 millones en la construcción del FreedomCAR, que funcionaría con hidrógeno.

En la economía del hidrógeno, repostaríamos nuestros vehículos en surtidores de hidrógeno en las gasolineras. Se produciría el hidrógeno en una central lejana y luego se distribuiría a las gasolineras; pero aquí es donde las dificultades se hacen evidentes.

La manera ideal de transportarlo es en camiones cisterna que lo lleven en forma de hidrógeno licuado. Pero como la licuación se produce a -253°C, refrigerar el gas hasta ese punto es una verdadera pesadilla económica. Utilizar la energía del hidrógeno para licuar un kilo de hidrógeno consume el 40 por ciento del valor del propio combustible. Utilizar la red eléctrica para hacerlo consume entre 12 y 15 kilovatios hora de electricidad, lo que liberaría casi 10 kilos de $CO_2$ a la atmósfera. Unos 3.5 litros de gasolina contienen la energía equivalente a un kilo de hidrógeno; quemarlos libera más o menos la misma cantidad de $CO_2$ que utilizar la red eléctrica para licuar el hidrógeno.

**Así pues, las consecuencias de utilizar hidrógeno licuado podrían ser tan malas para el cambio climático como conducir un coche normal.**

Una solución posible es presurizar el hidrógeno parcialmente, lo que reduce el valor del combustible utilizado en un 15 por ciento y permite que los recipientes utilizados para su transporte sean menos especializados. Pero incluso con recipientes mejorados de alta presión, un camión de 40 toneladas podría transportar tan sólo 400 kilos de hidrógeno comprimido, lo que significa que se necesitarían quince camiones para transportar el mismo valor energético que ahora transporta un camión cisterna de 26 toneladas. Y si estos camiones de 40 toneladas llevaran el hidrógeno a 500 kilómetros de distancia, el costo de energía del transporte consumiría un 40 por ciento del combustible transportado.

Cuando se plantea almacenar el combustible en un coche surgen problemas adicionales. Se necesita un tanque especial de combustible presurizado diez veces mayor que uno de gasolina. Además es probable que cada día se pierda más o menos un 4 por ciento de combustible en evaporación. Un buen ejemplo de esto ocurre cada vez que la NASA reposta la lanzadera espacial: el tanque principal tiene una capacidad de 100,000 litros de hidrógeno, pero hay que añadir cada vez 45,000 litros adicionales sólo para compensar la tasa de evaporación.

Otra opción para transportar el hidrógeno es la construcción de conducciones específicas, pero éstas son caras y tienen que estar hechas de materiales muy resistentes, pues el hidrógeno se escapa con facilidad. Aun cuando se pudieran reconfigurar todos los gasoductos existentes para transportar hidrógeno, el costo de crear una red que lo distribuyera desde unidades productoras centrales hasta las gasolineras de todo el mundo sería astronómico.

Quizá el hidrógeno se podría producir en las propias gasolineras a partir del gas natural. Esto eliminaría las dificultades del transporte, pero produciría un 50 por ciento más de $CO_2$ que utilizar el gas directamente como combustible para el vehículo.

En teoría, el hidrógeno también podría generarse en casa utilizando la electricidad de la red, pero esto tendría un costo prohibitivo. Además, en lugares como Estados Unidos, la mayor parte de la electricidad que llega a través de la red procede de combustibles fósiles, por lo que generar hidrógeno en casa, en las circunstancias actuales, resultaría en un impresionante aumento de las emisiones de $CO_2$.

Y el hidrógeno preparado en casa tiene otro peligro. Este gas es inodoro, propenso a los escapes, altamente combustible, y además su llama es invisible.

**A los bomberos se les entrena para utilizar escobas de paja para detectar un fuego de hidrógeno: cuando la escoba se incendia, has encontrado tu fuego.**

Imaginemos por un momento que se superan todos los problemas relativos al suministro, y que te hallas al volante de tu nuevo cuatro por cuatro de hidrógeno. Tu depósito de gasolina es grande y esférico, pues a temperatura ambiente el hidrógeno ocupa unas 3,000 veces más espacio que la gasolina. Ahora piensa en la posibilidad de que la electricidad estática generada por el desplazamiento del asiento del coche, o incluso una tormenta eléctrica que pase a 1.6 kilómetros de distancia, posea la carga suficiente para prenderle fuego a tu depósito de hidrógeno. Casi es mejor no pensar en lo que ocurriría en caso de que un coche de hidrógeno sufriera un accidente.

Aun cuando el hidrógeno pudiera utilizarse de manera segura, seguiríamos teniendo el problema de una contaminación de $CO_2$ colosal, que era exactamente lo contrario de lo que estábamos buscando.

**La única manera de que la economía del hidrógeno ayude a combatir el cambio climático es que la red de suministro eléctrico funcione completamente con fuentes energéticas exentas de carbono.**

# Quinta parte:

# La solución

# 27. Brillante como el Sol, ligero como el viento

En nuestra guerra contra el cambio climático, debemos decidir si centrar nuestros esfuerzos en el transporte o en la red de suministro eléctrico. Si descarbonizamos primero la red de suministro eléctrico, podemos utilizar la energía renovable así generada para descarbonizar el transporte.

Dos investigadores de la Universidad de Princeton, en Estados Unidos, investigaron si las tecnologías actualmente disponibles podrían hacer funcionar una red eléctrica parecida a la que tenemos hoy en día, reduciendo sensiblemente las emisiones de $CO_2$.

Identificaron quince tipos básicos de tecnologías, que van desde la captura y secuestro de carbono a las energías eólica, solar y nuclear, que ya están desarrolladas y podrían desempeñar un papel vital en el control de las emisiones de carbono del mundo durante, al menos, los próximos cincuenta años.

Existen numerosos ejemplos de gobiernos y corporaciones en todo el mundo que han recortado sus emisiones —hasta un 70 por ciento en el caso de algunos ayuntamientos británicos— al tiempo que experimentaban un fuerte crecimiento económico.

Las tecnologías se dividen en dos categorías: aquéllas que proporcionan energía de manera intermitente y aquéllas que ofrecen un flujo de energía continuo.

De todas las fuentes de energía intermitente, la más madura y competitiva es la eólica. Y Dinamarca es el hogar de la industria eólica moderna.

En el momento en que los daneses decidieron respaldar la energía eólica, era muchísimo más costoso producir electricidad mediante este sistema que mediante combustibles fósiles. Sin embargo el gobierno danés se dio cuenta de su potencial y apoyó la industria hasta que los costos bajaron.

**Hoy en día Dinamarca es líder mundial en la producción de energía eólica y en la construcción de turbinas.**

En la actualidad, el viento proporciona el 21 por ciento de la electricidad de Dinamarca. En torno al 85 por ciento de su producción está en manos de particulares o de cooperativas eólicas. La energía* está, literalmente, en manos del pueblo.

En algunos países la energía eólica ya es más barata que la electricidad generada mediante combustibles fósiles, lo que explica la fenomenal tasa de crecimiento de su industria del 22 por ciento anual. Se estima que la energía eólica podría llegar a proporcionar el 20 por ciento de las necesidades energéticas de Estados Unidos. En los próximos años se espera que el precio unitario de energía eólica baje entre un 20 y un 30 por ciento más, lo que la haría aún más rentable.

No obstante, está muy extendida la percepción de que la energía eólica tiene una importante desventaja: el viento no sopla siempre, lo que significa que es una fuente energética inestable. Es cierto que el viento no siempre sopla en el mismo lugar con una fuerza constante, pero si se considera desde un punto de vista regional, se puede estar seguro de que el viento siempre soplará en alguna parte. Lo que esto implica es que cuando se genera energía eólica siempre hay unidades sobrantes, pues

---

* *Power* en el original. Se trata de un juego de palabras, pues *power* en inglés significa «poder» pero también «energía» o «electricidad». *(N. del t.)*

Las plantas eólicas contribuyen cada vez más a alimentar nuestra red eléctrica. Entre los años 2005 y 2008, China planea instalar al menos 3,000 megavatios de energía eólica. Lo suficiente para suministrar energía a una pequeña ciudad.

a menudo hay varias turbinas paradas por cada una que trabaja a plena capacidad.

En el Reino Unido, una turbina media funciona sólo a un 28 por ciento de su capacidad a lo largo del año. Pero ninguna forma de generación de energía funciona realmente a pleno rendimiento: en el Reino Unido, la energía nuclear funciona al 76 por ciento de su capacidad, las turbinas de gas al 60 por ciento, y las de carbón al 50 por ciento. Esta desventaja de la energía eólica se ve compensada, sin embargo, por su alta fiabilidad: las turbinas eólicas se averían mucho menos y son más baratas de mantener que las centrales eléctricas de carbón.

Por desgracia, la energía eólica tiene mala prensa, y se ha dicho que las turbinas eólicas matan pájaros, que son ruidosas y antiestéticas. Lo cierto es que cualquier estructura de cierta altura representa un peligro para los pájaros, y los primeros molinos de viento incrementaban ese riesgo. Tenían un diseño reticulado, que permitía anidar a los pájaros. Sin embargo ahora éstos han sido reemplazados por modelos lisos.

Además, para medir los riesgos correctamente, hay que compararlos entre sí. En Estados Unidos los gatos matan más pájaros que los parques eólicos. Y si seguimos quemando carbón, ¿cuántos pájaros morirán a consecuencia del cambio climático?

En cuanto a la contaminación sonora, se puede mantener una conversación en la base de una torre sin tener que levantar la voz, y los nuevos modelos reducen aún más el sonido. Y por lo que respecta a su semblante, no hay duda de que la belleza es algo subjetivo. ¿Qué es más antiestético: un parque eólico o una mina de carbón y una central eléctrica? Además, ninguna de estas consideraciones debería tenerse en cuenta a la hora de decidir el destino de nuestro planeta.

Pasemos ahora al Sol y a tres tecnologías que explotan directamente su energía: los sistemas de agua caliente solar, los dispositivos termosolares y las células fotovoltaicas. El agua caliente solar es la más sencilla de las tres y, en muchas circunstancias, la manera más fácil y eficaz de ahorrar en las facturas de electricidad doméstica. Las placas solares se colocan en un tejado encarado al sur —en el hemisferio sur, encarado al norte—, donde captan los rayos del Sol que luego se utilizan para calentar el agua. No necesitan mantenimiento, y para asegurar que tendrás agua caliente siempre que la necesites, incluyen un elevador de voltaje de gas o eléctrico.

Las centrales eléctricas termosolares producen grandes cantidades de electricidad —mucho más de lo que podría utilizar una casa— y funcionan concentrando los rayos del Sol en pequeños colectores solares de gran eficiencia. Como su nombre indica, producen tanto electricidad como calor. Hoy en día, hay muchos modelos en el mercado, y cada vez son más baratos. En el futuro, se espera que las plantas de energía termosolar compitan con las eólicas por una parte de la red de suministro eléctrico. De hecho, la energía eólica y la termosolar se complementan perfectamente —si no hay viento, es bastante probable que luzca el Sol—.

Finalmente está la tecnología que casi todo el mundo reconoce como la auténtica energía «solar»: las células fotovoltaicas. Generar tu propia electricidad con células fotovoltaicas es una experiencia liberadora —una vez que has comprado tu propio equipo ya no tienes que depender de las grandes compañías eléctricas—. Además, es sencillo y no requiere mantenimiento, a menos que estés conectado a la red eléctrica y necesites una instalación de baterías.

Las células fotovoltaicas actúan utilizando la luz solar que incide en ellas para generar electricidad. Un hogar medio requiere alrededor de 1.4 kilovatios (1,400 vatios) de energía para funcionar, y el tamaño medio de los paneles oscila entre 80 y 160 vatios. Con diez paneles grandes es más que suficiente para una vivienda, aunque, cuando generas tu propia electricidad, te vuelves sorprendentemente consciente de lo que consumes —y por lo tanto, de lo que ahorras—.

Cuando mejor funcionan las células fotovoltaicas es en verano, cuando hace falta energía adicional para el aire acondicionado. A los propietarios de una célula fotovoltaica, esto les permite ganar dinero: en Japón puedes vender tu excedente de electricidad a la red por una cantidad de hasta 50 dólares al mes, y existen planes similares en otros quince países. El precio de las células fotovoltaicas está bajando tan deprisa que se espera que la electricidad generada por este medio sea rentable tan pronto como en 2010.

Naturalmente, existen otras formas de generar energía renovable que no hemos comentado aquí, entre otras las chimeneas solares y la energía mareomotriz; y en algunos sitios, estas alternativas producen ya, o producirán pronto, electricidad.

Si se puede sacar alguna lección de las energías renovables es que no hay una única solución para descarbonizar la red eléctrica, sino que existen múltiples tecnologías entre las que podemos elegir. Estas tecnologías ya existen. Podemos optar por aquéllas que más nos convengan a fin de reducir nuestras emisiones de carbono en un 70 por ciento de aquí al año 2050.

# 28. ¿Energía nuclear?

A menudo se dice que el Sol es energía nuclear a una distancia segura, pero que sepamos, a pesar de que está muy lejos, todavía puede quemarnos. En esta época de crisis climática se está replanteando el papel de la energía nuclear creada en la Tierra. Si hasta hace poco era una tecnología en declive aún puede resurgir de sus cenizas.

Esta rehabilitación de la energía nuclear comenzó en mayo de 2004, cuando James Lovelock, el creador de la hipótesis de Gaia, dejó boquiabiertas a las organizaciones ecologistas del mundo entero al pronunciar una sentida súplica a favor de la expansión masiva de los programas de energía nuclear en el mundo como un método para combatir el cambio climático. Lovelock comparó nuestra situación actual con la que atravesaba el mundo en 1938, cuando estaba al borde de la guerra y nadie sabía qué hacer. Organizaciones como Greenpeace y Friends of the Earth (Amigos de la Tierra) rechazaron su llamamiento de inmediato.

Pero Lovelock no va mal encaminado, pues todas las redes de suministro eléctrico necesitan un flujo de electricidad constante y fiable, y sigue estando en entredicho la capacidad de las energías renovables de proporcionarlo. En Francia, el 80 por ciento de la energía eléctrica procede de centrales nucleares, mientras que en Suecia, éstas proporcionan la mitad, y en el Reino Unido, una cuarta parte.

**La energía nuclear suministra en la actualidad el 18 por ciento de la electricidad del mundo, sin emisiones de $CO_2$. Sus defensores dicen que podría proporcionar mucha más.**

Las centrales eléctricas nucleares no son más que máquinas complicadas y potencialmente peligrosas de hervir agua; el vapor que se genera de esta manera se utiliza para impulsar turbinas.

Al igual que ocurre con el carbón, las centrales nucleares convencionales son muy grandes —de unos 1,700 megavatios— y muy caras de construir, pues cuestan un mínimo de 2,000 millones de dólares cada una. Sin embargo, el costo de la electricidad que generan puede competir, hoy por hoy, con el de la energía eólica. Pero para poner en marcha una nueva planta, hacen falta diez años para conseguir su autorización y otros cinco para construirla. Se requiere un periodo de quince años antes de empezar a generar electricidad, e incluso más tiempo antes de recuperar la inversión, por lo que la energía nuclear no es para inversores impacientes. En los últimos veinte años no se ha construido un solo nuevo reactor ni en Estados Unidos ni en el Reino Unido.

Cada vez que se menciona la energía nuclear, tres factores preocupan especialmente a la opinión pública: la seguridad, el vertido de residuos y las bombas. El desastre de Chernóbil en Ucrania en 1986 fue una catástrofe cuyas consecuencias, dos décadas después del accidente, son cada día más numerosas. En Bielorrusia, que recibió el 70 por ciento de la lluvia radiactiva, tan sólo un 1 por ciento de la población del país está *libre* de contaminación, y el 25 por ciento de la tierra agrícola ha quedado permanentemente improductiva.

En Estados Unidos y Europa predominan los reactores más seguros, pero, como demuestra el incidente de la isla de las Tres Millas en Pensilvania, nadie es inmune al accidente ni al sabotaje. En Estados Unidos hay varios reactores localizados cerca de las grandes ciudades, y existe una auténtica preocupación por un posible ataque terrorista.

La gestión de los residuos radiactivos es otra dificultad adicional. Y el problema de qué hacer con las centrales nucleares viejas y obsoletas es casi tan complicado: Estados Unidos tiene 103 centrales que en un principio recibieron una licencia para operar durante 30 años, pero parece que ahora se les pide que aguanten el doble de tiempo. Esta flota en pleno proceso de envejecimiento debe de estar dándole muchos quebraderos de cabeza a la industria, sobre todo porque hasta la fecha todavía no se ha desmantelado ningún reactor con éxito —quizá porque el costo estimado de esta operación es de unos 500 millones de dólares por reactor—.

La mayor parte de las nuevas centrales nucleares se construyen en los países en vías de desarrollo. China tiene programada la construcción de dos nuevas centrales nucleares al año durante los próximos veinte años, lo que desde una perspectiva global es enormemente deseable, pues en la actualidad el 80 por ciento de la energía de China procede del carbón. De hecho, China inaugurará muy pronto el primer reactor de lecho de cantos rodados del mundo, una especie de pequeña central nuclear —300 megavatios— muy segura y eficiente.

La India, Rusia, Japón y Canadá también tienen reactores en construcción, y otros treinta y siete ya han sido autorizados en Brasil, Irán, India, Pakistán, Corea del Sur, Finlandia y Japón.

Suministrar el uranio necesario para alimentar estos reactores será todo un desafío, pues las reservas de uranio del mundo no son grandes. Es más, en este momento, una cuarta parte de la demanda mundial se satisface reprocesando armas nucleares sobrantes. Lo que nos lleva a la posibilidad de que puedan caer armas nucleares en malas manos. Cualquiera que posea uranio enriquecido puede construir una bomba. A medida que proliferan los reactores y cambian las alianzas, aumenta la probabilidad de que dichas armas estén a disposición de cualquiera. Una correcta regulación, la voluntad de acatar los tratados internacionales y el papel de agencias reguladoras como la Agencia Internacional de Energía Atómica son factores que pueden contribuir a reducir los riesgos.

¿Qué papel podría desempeñar la energía nuclear en evitar el desastre del cambio climático? Es probable que China y la India prosigan la alternativa nuclear con determinación, pues no disponen en la actualidad de ninguna alternativa barata a gran escala. Ambas naciones ya tienen programas de armamento nuclear, por lo que el riesgo relativo de proliferación no es grande. En el mundo desarrollado, sin embargo, cualquier expansión importante de la energía nuclear dependerá de la viabilidad de reactores nuevos y más seguros.

**La energía geotérmica constituye otra opción para la producción continua de electricidad.**

La energía geotérmica se refiere a las fuentes de calor que se encuentran entre nuestros pies y el manto líquido de nuestro planeta. Como primero observó Nikola Tesla, el inventor de la corriente alternativa comercial, está claro que bajo nuestros pies yace mucho calor, y sin embargo las tecnologías geotérmicas apenas proporcionan unos 10,000 megavatios de electricidad en todo el planeta. ¿A qué se debe esto? Al parecer hemos estado buscando calor en los lugares equivocados. Anteriormente, la energía geotérmica procedía de regiones volcánicas, donde los acuíferos (depósitos de agua subterráneos) que fluyen a través de las rocas candentes proporcionan agua extremadamente caliente y vapor. Parece sensato buscar energía geotérmica en esos lugares, pero hay que tener en cuenta la geología.

Los volcanes de lava sólo existen allí donde la corteza terrestre se abre, permitiendo que el magma que hay debajo salga a la superficie. Islandia, que se formó a partir del fondo oceánico en el lugar donde Europa y América del Norte se separaron, es un magnífico ejemplo de esto. En estos lugares se concentra mucho calor, pero el mayor problema son los acuíferos. Aunque muchos fluyen libremente cuando se crea un manantial, suelen menguar rápidamente y dejar a la central eléctrica sin medios para transferir el calor de la roca a sus generadores. En la década de 1980, los operadores comenzaron a bombear agua al interior de la Tierra con la esperanza de que se recalentara y pudiera reutilizarse. A menudo el agua simplemente desaparecía entre las fallas verticales y no se volvía a ver jamás.

En Suiza y Australia, las empresas están encontrando calor utilizable comercialmente en los lugares más improbables. Cuando las compañías petroleras y de gas prospectaron los desiertos de la zona septentrional del sur de Australia encontraron, a casi cuatro kilómetros bajo tierra, una masa de granito con una temperatura de unos 250°C —la roca de origen no volcánico más caliente jamás descubierta tan cerca de la superficie—.

Lo que de verdad entusiasmó a los geólogos fue que el granito se hallaba en una región de la Tierra donde la corteza estaba comprimida. Esto había provocado una fractura horizontal, en lugar de vertical, de la roca. Y lo mejor de todo era que las rocas estaban bañadas en un agua calentada a gran presión, y que la fractura horizontal significaba que ésta podía reciclarse fácilmente.

Se calcula que esta masa rocosa del sur de Australia contiene calor suficiente para abastecer las necesidades energéticas de Australia durante setenta y cinco años, a un costo equivalente al del lignito y sin emisiones de $CO_2$. Tan enormes son los recursos que su distancia del mercado no supone un obstáculo, pues la electricidad se puede transmitir por cables de alta tensión en cantidad suficiente para compensar las pérdidas de transmisión.

Está programada la construcción de varias centrales eléctricas de prueba, por lo que se podrá comprobar el enorme potencial de la energía geotérmica. Los geólogos del mundo entero compiten por prospectar depósitos similares, pues apenas se conoce la cantidad de recursos existentes.

Aunque esto parece un hallazgo apasionante, hay que recordar que hasta este momento esta forma de calor geotérmico ha proporcionado muy poca electricidad. Con toda probabilidad pasarán décadas antes de que esta tecnología tenga una contribución significativa al suministro eléctrico mundial.

Las tecnologías energéticas que he comentado colocan a la humanidad en una gran encrucijada. ¿Cómo será la vida si escogemos una de ellas en lugar de la otra? En la economía del hidrógeno o en la nuclear, es probable que la producción de energía esté centralizada, lo que implicaría la supervivencia de las grandes empresas energéticas.

En cambio, centrarse en las tecnologías solar y eólica abre la posibilidad de que la gente genere casi toda su propia electricidad, su combustible para transporte e incluso su agua —mediante condensación de aire—.

**Al llevar a cabo la descarbonización de la red de suministro eléctrico, podríamos estar descentralizando literalmente la energía\* y entregándosela a los individuos.**

---

\* *Power* en el original. De nuevo hace un juego de palabras, pues *power* en inglés significa «poder» pero también «energía» o «electricidad». (*N. del t.*)

# 29. De híbridos, Minicats y estelas

Así pues, ¿cómo vamos a descarbonizar nuestros sistemas de transporte? Al fin y al cabo, el transporte supone un tercio de las emisiones globales de $CO_2$.

Entre los que apuestan por las energías renovables, los brasileños ocupan el primer puesto, pues su flota de vehículos funciona con etanol derivado de la caña de azúcar —que en Brasil crece mejor que en ningún otro lugar—. Un tercio de los coches nuevos vendidos en Brasil el año pasado funcionan tanto con etanol como con gasolina, lo que permite al consumidor elegir el combustible más barato. Y cuestan lo mismo que los modelos estándar. En Estados Unidos, casi todo el etanol se produce a partir del maíz, pero la cantidad de combustible fósil que se invierte en hacer crecer las cosechas implica que el etanol derivado del maíz y utilizado en vehículos de transporte no supone un gran ahorro de carbono.

En el caso de que se consiguiera cultivar una fuente de etanol realmente eficiente —quizá la grama—, las cosechas necesarias para hacer funcionar todos los coches, barcos y aviones del mundo acapararían el 20 por ciento de la tierra productiva del planeta. Los seres humanos consumimos ya muchos más recursos de lo que es sostenible, de modo que asegurar esta producción biológica añadida es muy difícil, y depende del desarrollo de una agricultura más sostenible.

A pesar de estos obstáculos, los avances tecnológicos en el sector del transporte son tan rápidos que se pueden vislumbrar progresos en este sentido, y donde más evidente resulta esto es en Japón.

Mientras que empresas estadounidenses como Ford han estado invirtiendo en hidrógeno, Toyota y Honda han contratado ingenieros para fabricar coches más eficientes. Han descubierto una nueva tecnología revolucionaria que reduce el consumo de carburante a la mitad y abre la puerta a increíbles desarrollos en el futuro. Estos nuevos vehículos, conocidos como híbridos, combinan un motor de gasolina con un revolucionario motor eléctrico.

Al principio, conducir el Toyota *Prius* pone un poco nervioso; puede ser tan silencioso que te crees que el motor se ha parado. Lo que ocurre es que cuando reduce la velocidad o se detiene a causa del tráfico, el motor de gasolina de 1.5 litros de cilindrada se desconecta y lo sustituye el silencioso motor eléctrico, que funciona con energía generada, en parte, al frenar —energía que en un vehículo normal se desperdicia—. El *Prius* ha tomado el mercado por asalto: con un depósito que sólo hay que repostar cada 1,000 kilómetros, es el automóvil de su tamaño que menos carbono emite de los que hay en el mercado, y es probable que lo siga siendo en las próximas décadas.

En relación con el Toyota *Landcruiser* —u otros cuatro por cuatro tan populares hoy en día en Estados Unidos y en Australia—, el *Prius* reduce el consumo de gasolina, y por lo tanto de emisiones de $CO_2$, en un 70 por ciento. Es la misma cantidad que los científicos consideran que debe reducir la economía mundial de aquí a 2050 a fin de estabilizar el cambio climático.

**Si deseas contribuir de verdad a la lucha contra el cambio climático, no esperes a la economía del hidrógeno; convence a tu familia para que se compre un coche híbrido.**

Si se lograse descarbonizar la red de suministro eléctrico, se abrirían paso otras opciones atractivas de medios de transporte. Los coches eléctricos llevan años en el mercado, y Francia ya tiene una flota de 10,000 vehículos. Pero en Europa están apareciendo tecnologías aún más interesantes, como el experimental coche de aire comprimido.

Imagina lo que un coche de aire comprimido puede significar para una familia que vive en Dinamarca. Ésta podría ser accionista de un generador de energía eólica, que suministrara electricidad a su hogar y se utilizara también para comprimir el aire que serviría como carburante para su coche. Contrasta esta situación con la familia media estadounidense que, por mucho que las opciones de la energía nuclear y del hidrógeno estén disponibles, seguirá comprando la electricidad y el transporte a las grandes empresas. Si combatimos el cambio climático no sólo podemos salvar el planeta, sino que además abrimos la puerta a un futuro completamente distinto.

¿Y qué ocurre con otros sectores en crecimiento como el transporte marítimo y aéreo? Uno de los peores agentes contaminantes de la Tierra es el gasóleo de los barcos. En los últimos años, el volumen del transporte marítimo internacional ha crecido alrededor de un 50 por ciento, y los cargueros se han convertido en una de las principales fuentes de contaminación atmosférica. El carburante que impulsa estas embarcaciones se compone de los restos de la producción de otros combustibles. Es tan denso y contiene tantos agentes contaminantes que hay que calentarlo antes de que pueda fluir por los conductos del barco.

La vigilancia por satélite indica que muchas de las vías marítimas del mundo están cubiertas de nubes semipermanentes originadas por las chimeneas de los barcos. No obstante, resolver este problema no debería ser difícil. Hasta hace poco menos de un siglo, el transporte marítimo era impulsado por el viento. Si se utilizan las tecnologías eólicas y solares modernas junto con motores de alto rendimiento, de aquí a mediados de este siglo los cargueros podrían volver a viajar sin emitir nada de carbono.

El transporte aéreo requiere grandes cantidades de combustible de alta densidad que, de momento, sólo pueden proporcionar los combustibles fósiles. En 1992, el transporte aéreo era responsable del dos por ciento de las emisiones de $CO_2$, pero esta cifra está creciendo rápido. Y en Estados Unidos, donde el tráfico aéreo representa el diez por ciento del combustible consumido, se espera que el número de pasajeros se duplique entre 1997 y 2017, lo que convertiría el transporte aéreo en la fuente de emisiones de $CO_2$ y de óxido nitroso que más rápido crece del país. Al otro lado del Atlántico, se calcula que para el año 2030, una cuarta parte de las emisiones de $CO_2$ del Reino Unido podría proceder del transporte aéreo.

El cóctel de productos químicos que componen las emisiones aéreas funciona de maneras un tanto opuestas. Debido a que los reactores modernos viajan en su mayoría cerca de la troposfera, sus emisiones de vapor de agua, óxido nitroso y dióxidos de azufre tienen un impacto distinto. El óxido nitroso emitido por los aviones podría aumentar el ozono de la troposfera y la estratosfera inferior, y mermarlo aún más en la estratosfera superior. El dióxido de azufre, por su lado, tendría un efecto refrigerante.

El vapor de agua, que se puede observar en las estelas de los aviones, podría ser la emisión más crucial de todas. En ciertas condiciones, las estelas dan lugar a cirros. Estas nubes cubren alrededor de un treinta por ciento del planeta. Se cree que los aviones contribuyen a crear hasta un uno por ciento de los cirros que se forman, lo cual podría tener un impacto importante en el clima.

**Si los aviones volaran más bajo, la formación de cirros podría reducirse a la mitad y las emisiones de $CO_2$ disminuir en un cuatro por ciento, con una repercusión en la duración media de los vuelos sobre Europa de apenas un minuto.**

Mientras que los europeos y los japoneses tienen la posibilidad de viajar en trenes de alta velocidad en lugar de aviones, para los australianos, canadienses y estadounidenses no existen alternativas realistas al transporte aéreo. En un futuro inmediato, éste tendrá que seguir funcionando con combustibles fósiles. Como no regresemos a los días más pausados en que se viajaba en zepelín, el transporte aéreo seguirá siendo una fuente de emisiones de $CO_2$ mucho después de que otros sectores hayan pasado a una economía libre de carbono.

# 30. Tú decides

Si todo el mundo toma medidas para eliminar las emisiones de carbono de la atmósfera, creo que podemos estabilizar y a continuación salvar el Ártico y el Antártico. Podríamos salvar cuatro de cada cinco especies que hoy en día están amenazadas, limitar la magnitud de los fenómenos meteorológicos extremos y reducir, casi a cero, la posibilidad de que se produzca alguno de los tres desastres pronosticados para este siglo, en particular la interrupción de la Corriente del Golfo y la destrucción de la Amazonia.

Pero para que esto ocurra, todo el mundo tiene que actuar ahora mismo sobre el cambio climático: retrasarlo aunque sólo sea una década es demasiado. Por ejemplo, no deberíamos abrir o ampliar más centrales eléctricas de combustión de carbón, sino todo lo contrario, deberíamos empezar a cerrarlas. Éstas son decisiones que tienen que tomar los gobiernos, pero es más probable que un gobierno haga lo correcto si la gente se lo exige.

Estés o no en edad de votar, puedes hacer que los políticos sean conscientes de tu opinión. Y si has hecho lo necesario para reducir tus propias emisiones, puedes preguntarles a los demás qué están haciendo, personalmente, para reducir las suyas.

**Esto es lo más importante que quiero decir: no hace falta esperar a que el gobierno actúe. Puedes hacerlo tú mismo. Tenemos la tecnología necesaria para reducir las emisiones de carbono de casi todos los hogares del planeta.**

En unos pocos meses puedes llegar a disminuir fácilmente tus emisiones en un 70 por ciento, que es la reducción necesaria para estabilizar el clima de la Tierra. Tan sólo son necesarios algunos cambios en tu vida personal y en la de tu familia, ninguno de los cuales exige un gran sacrificio.

El arma más poderosa de tu arsenal consiste en comprender cómo utilizas la electricidad, pues te permite tomar decisiones eficaces para reducir tus emisiones personales de $CO_2$.

¿Alguna vez has leído la factura de electricidad de tu familia? Si no lo has hecho nunca, pide verla y léela atentamente. ¿Ofrece tu suministrador una opción verde, en la que la compañía eléctrica garantiza que la energía que entra en tu hogar proviene de fuentes renovables como la eólica, la solar o la hidráulica? La opción energía verde puede costar tan sólo un dólar por semana y, sin embargo, es tremendamente eficaz a la hora de reducir emisiones.

Si tu compañía no te ofrece una opción verde adecuada, sugiérele a tu familia que llame a un competidor. Cambiar de compañía eléctrica no debería costar más de una llamada telefónica, ni implicar cortes de suministro ni desventajas en la facturación.

Así, al pasarse a la energía verde, tu familia podría reducir sus emisiones domésticas a cero. Y todo con una simple llamada telefónica.

¿Y el agua caliente? En el mundo desarrollado, casi un tercio de las emisiones de $CO_2$ proceden de la energética doméstica, y un tercio de la factura de ésta corresponde al gasto de agua caliente. Esto es una locura pues, si posees el dispositivo adecuado, el Sol puede calentarte el agua de forma gratuita.

Tu familia tendrá que hacer un desembolso inicial, pero las ventajas son tantas que vale la pena pedir un préstamo para hacerlo, pues en climas soleados como Australia, California o Europa meridional, en dos o tres años éste estará amortizado. Los dispositivos solares habitualmente tienen una garantía de diez años, lo que significa que durante al menos siete u ocho años podrás disponer de agua caliente gratis. Incluso en regiones más nubosas como Alemania e Inglaterra también se consigue el equivalente a varios años de agua caliente gratis.

Y luego están los sistemas de aire acondicionado, de calefacción y de refrigeración, que son los que más electricidad consumen. Asegúrate de que tu familia busque el modelo del mercado que mejor rendimiento energético ofrezca. A lo mejor es más barato instalar un buen aislamiento que comprar y hacer funcionar un aparato más grande para calentar o enfriar.

Sugiere que todos los miembros de la familia examinen juntos la factura de la electricidad y se propongan reducirla a una cifra determinada. Si lo consiguen, los ahorros obtenidos podrían dedicarse a unas vacaciones en familia.

Me enfureció tanto la irresponsabilidad de las compañías que queman carbón que decidí generar mi propia electricidad, lo que ha resultado ser una de las cosas más satisfactorias que he hecho nunca. Para un hogar medio, la mejor manera de hacerlo son los paneles solares. Elegí doce paneles de 80 vatios, y la cantidad de electricidad que éstos generan en Australia es suficiente para hacer funcionar toda la casa.

Para sobrevivir con esta cantidad, sin embargo, toda nuestra familia vigila el consumo de energía, y cocinamos con gas. Y estoy más en forma que antes porque utilizo herramientas manuales en lugar de su equivalente eléctrico para construir y arreglar cosas. Los paneles solares cuentan con una garantía de veinticinco años —y a menudo duran hasta cuarenta—. Seguiré disfrutando de la electricidad gratuita que me proporcionan incluso después de haberme jubilado.

La población de Schoenau, en Alemania, nos proporciona un ejemplo diferente de acción directa. Algunos residentes se alarmaron tanto con el desastre de

Chernóbil que decidieron hacer algo para reducir la dependencia de su país de la energía nuclear. Comenzó con un grupo de diez padres que daban premios al ahorro energético. La iniciativa tuvo tanto éxito que pronto se convirtió en un grupo de ciudadanos decididos a arrebatarle el control del suministro a la compañía KWR, el monopolio que abastecía la población.

Llevaron a cabo su propio estudio, y luego juntaron el dinero para realizar su propio plan de energía verde. Con el tiempo llegaron a recaudar lo suficiente para comprarle el suministro eléctrico, con red incluida, a la KWR. Hoy en día no sólo controlan el suministro de su energía eléctrica, sino que cuentan con un próspero negocio de consultoría que asesora acerca de cómo «cambiar a verde» la red eléctrica en todo el país. El suministro eléctrico de Schoenau es cada año más verde, e incluso los grandes consumidores de electricidad, como una fábrica de reciclaje de plásticos situada en la población, están felices con el resultado.

### ¿No sería maravilloso que iniciaras un movimiento parecido en tu ciudad o en tu barrio?

En estos momentos, a pocos de nosotros nos resulta factible prescindir de los combustibles fósiles para el transporte, pero podemos reducir su uso considerablemente. Andar o ir en bicicleta siempre que sea posible —para ir al colegio o a trabajar o a la compra—, así como utilizar el transporte público, son alternativas muy eficaces. Si tu familia cambia su cuatro por cuatro o monovolumen por un coche híbrido de tamaño medio, estará reduciendo de golpe sus emisiones de transporte personal en un 70 por ciento.

Para aquellos que no puedan o no quieran conducir un híbrido, una buena regla es comprar el vehículo más pequeño que se adecue a sus necesidades diarias. Siempre puedes alquilar un vehículo para las escasas ocasiones en que necesitas algo más grande. Dentro de unos años, si has invertido en energía solar, deberías poder comprarte un coche de aire comprimido. Entonces, tu familia podrá olvidarse por completo de las facturas de electricidad y de gasolina.

A pesar de lo que pueda parecer, los estudiantes y los empleados ejercen una considerable influencia en las escuelas y en el lugar de trabajo. Si quieres ser más consciente del efecto invernadero, solicita una auditoría o un informe energético. Así podrás estar seguro de que tu uso de la energía es todo lo eficiente que puede serlo.

**Y recuerda: si tú puedes reducir tus emisiones personales en un 70 por ciento, también pueden hacerlo los colegios, las empresas, las granjas y tantas otras organizaciones.**

La sociedad necesita desesperadamente mediadores —gente que comprenda los problemas, actúe y sirva de testigo de lo que puede y debería hacerse—. Al emprender actividades públicas de este tipo, obtendrás resultados cuyo impacto va más allá de su ámbito local.

Mientras leés toda esta serie de acciones para combatir el cambio climático, puede que veas con escepticismo que estos pasos puedan tener impacto alguno. Pero si somos muchos en comprar energía verde, paneles solares, sistemas de agua caliente solares y vehículos híbridos, el costo de estos productos caerá en picada. Esto fomentará la venta de más paneles y más generadores eólicos, y pronto casi toda la electricidad doméstica será generada por tecnologías renovables.

Con el tiempo, las empresas que devoran mucha energía se verán obligadas a maximizar su eficiencia y a pasarse a las energías limpias. Ello provocará que las energías renovables sean más asequibles. Como resultado de esto, los países en vías de desarrollo —incluidas China y la India— podrán permitirse utilizar una energía limpia en lugar del inmundo carbón.

Con un poco de ayuda de tu parte, los gigantes en vías de desarrollo de Asia podrían llegar a evitar la completa catástrofe del carbono que el mundo industrializado ha creado para sí mismo.

Como sugieren estos retos, somos una generación destinada a vivir en una época tremendamente interesante, pues ahora somos los creadores del clima, y el futuro de la biodiversidad y la civilización depende de nuestros actos.

Por mi parte, he hecho todo lo posible para proporcionar un manual de instrucciones del clima de la Tierra. Ahora tú decides.

# Glosario

**Aerosoles:** diminutas partículas que flotan en la atmósfera.

**Agujero de la capa de ozono:** zona de la estratosfera donde se produce cada año una disminución notable del ozono, que se da sobre las regiones del Polo Sur y el Polo Norte.

**Albedo:** albedo significa blancura. Indica la luminosidad de algo y, por lo tanto, su capacidad de reflejar luz al espacio.

**Antropoceno:** supuesto nuevo periodo geológico, que se define por la intervención del ser humano en el sistema climático.

**Biocombustibles:** combustibles derivados de organismos vivos —en particular plantas—, en contraste con los combustibles fósiles.

**Biodiversidad:** toda la vida en la Tierra, incluidas su diversidad genética e interconexión ecológica.

**Biomasa:** masa total de los organismos vivos en un lugar y en un momento concretos. Por ejemplo, se podría calcular la biomasa de tu jardín, que te incluiría a tu perro y a ti.

**Biosfera:** parte de nuestro planeta que admite vida. Por lo general se estima que se extiende hasta una altura de 11 kilómetros en la atmósfera y una profundidad similar en los océanos.

**Calentamiento global:** calentamiento de la superficie terrestre debido a la contaminación del aire o a la liberación natural de gases invernadero en la atmósfera.

**Cambio climático:** cambios en el sistema climático resultantes del calentamiento global.

**CFC:** sustancias químicas fabricadas que destruyen la capa de ozono. Son, además, poderosos gases invernadero.

**Ciclo del carbono:** ciclo que describe el recorrido del carbono a través de los seres vivos, la atmósfera, los océanos y la corteza terrestre.

**Clatratos:** metano atrapado en cristales de hielo, muy frecuentes en el suelo oceánico.

**Combustibles fósiles:** los más comunes son el carbón, el petróleo y el gas. Estos combustibles son los restos fósiles de organismos que vivieron hace millones de años.

**Comercio de carbono:** compra y venta de permisos que facultan a la gente para emitir carbono a la atmósfera.

**Comercio de emisiones:** sistema según el cual quienes contaminan pueden comerciar con su derecho a contaminar, fomentando que reduzcan la contaminación aquéllos para quienes resulte más barato hacerlo.

**Corriente del Golfo:** corriente oceánica del Atlántico Norte que transporta calor a Europa.

**Corriente en Chorro:** corriente de la atmósfera que influye de manera importante en el tiempo de América del Norte.

**Criosfera:** zonas heladas de la Tierra, por ejemplo, los polos.

**El Niño:** fase de sequía de la oscilación sur, un ciclo que trae sequías e inundaciones a muchas partes de la Tierra, en particular Australia y Sudamérica.

**Ecosistema:** red interconectada de la vida, o una parte de ésta.

**Electricidad solar:** electricidad obtenida directamente del aprovechamiento de la energía solar.

**Emisiones de $CO_2$:** dióxido de carbono liberado en la atmósfera. Puede ser resultado de la actividad industrial, de las plantas, los océanos, los volcanes u otras fuentes.

**Energía eólica:** electricidad derivada del viento.

**Energía geotérmica:** energía derivada de calor contenido en la corteza terrestre.

**Energía hidráulica:** electricidad generada por un caudal de agua.

**Energía mareomotriz:** electricidad derivada del flujo de las mareas.

**Energía nuclear:** energía derivada del uso de radiactividad para hervir agua.

**Energía renovable:** energía derivada de fuentes como el viento y el Sol, en realidad ilimitadas.

**Energía verde:** energía generada sin emisión de gases invernadero.

**Estelas:** rastros de vapor de agua generados por aviones a reacción. Pueden convertirse en nubes.

**Etanol:** especie de alcohol derivado de materia vegetal que se puede utilizar como combustible para el transporte y la calefacción.

**Fotovoltaica:** tecnología que permite obtener electricidad directamente de la luz solar.

**Gas natural:** combustible fósil en estado gaseoso compuesto en un 90 por ciento de metano.

**Gases invernadero:** gases que atrapan el calor cerca de la superficie terrestre. Existen alrededor de 30 tipos de gases invernadero, de los cuales el $CO_2$ es el más importante.

**Huella de carbono:** cantidad de carbono que la gente, las industrias o los países emiten mientras realizan sus actividades diarias.

**Impuesto sobre el carbono:** impuesto sobre las emisiones de $CO_2$, que fomentaría la búsqueda por parte de las industrias de métodos innovadores para reducir sus emisiones.

**Kilovatio:** electricidad suficiente como para hacer funcionar un hogar de tamaño reducido.

**La Niña:** fase de inundaciones de la oscilación sur (véase El Niño).

**Lluvia ácida:** quemar carbón con un alto contenido de azufre añade ácido sulfúrico a la lluvia. La lluvia ácida resultante puede matar bosques, lagos y corrientes.

**Megavatio:** 1,000 kilovatios. Electricidad suficiente como para hacer funcionar 500 hogares de gran tamaño.

**Metano:** molécula compuesta de cuatro átomos de hidrógeno y un átomo de carbono. Compone el 90 por ciento del gas natural, que es el menos contaminante de los combustibles fósiles.

**Moléculas de hidrocarburo:** moléculas compuestas de hidrógeno y carbono. Se requiere poca cantidad de hidrocarburos de cadena larga —como la gasolina o el carburante para los aviones— para producir mucha energía. Debido a que los combustibles para el transporte han de ser llevados en un vehículo, estos poderosos combustibles son muy valiosos para el transporte.

**Oscurecimiento global:** enfriamiento de la superficie terrestre debido a la contaminación del aire o a la liberación natural de ciertos componentes en la atmósfera.

**Presupuesto de carbono:** cantidad de carbono —o equivalentes del carbono— que puede emitirse a la atmósfera antes de alcanzar un umbral determinado.

**Puertas mágicas:** épocas en que el clima del planeta vira de un estado estable a otro.

**Red eléctrica:** sistema utilizado para transportar la electricidad desde la central de producción hasta los hogares.

**Secuestro de carbono:** almacenamiento de $CO_2$ en la corteza terrestre.

**Simulaciones climáticas:** proyecciones mediante el uso de computadoras sobre los cambios que nuestro clima puede sufrir en el futuro.

**Sostenibilidad:** tecnologías y estilos de vida que nos garantizan a todos un futuro a largo plazo.

**Sumidero de carbono:** regiones u organismos que absorben carbono de la atmósfera.

**Sverdrup:** medida del flujo de la corriente oceánica. Un sverdrup equivale a un millón de metros cúbicos de agua por segundo y kilómetro cuadrado.

**Telequinesia:** acción que se produce a distancia sin una conexión visible.

**Termosolar:** tecnología que produce tanto electricidad como energía calorífica directamente a partir del Sol.

**Variabilidad climática:** grado en que varía el clima durante un periodo determinado.

**Vehículos de combustible híbrido:** vehículos que funcionan con dos motores, uno eléctrico u otro de carburante —generalmente gasolina—. El motor eléctrico captura energía que habitualmente es desperdiciada, como la que se genera al frenar.

# Si quieres saber más

Siempre puedes leer el primer libro de Tim Flannery, *La amenaza del cambio climático, historia y futuro*.

También puedes entrar en la página web www.the weathermakers.com, donde hallarás noticias, actualizaciones y fuentes *online*, así como apuntes para profesores y estudiantes de gran utilidad.

En la página de Vínculos y Recursos encontrarás fuentes que ayudaron a formar las ideas expresadas en este libro, así como vínculos hacia la Calculadora de Carbono, el debate en prensa sobre el cambio climático y un Foro de la Comunidad Científica.

Las siguientes páginas de Internet proporcionan información adicional sobre el cambio climático.

## TU HOGAR

*Origin Energy:* información acerca de la eficiencia y sostenibilidad de la energía, que incluye una calculadora de eficiencia energética y claves para el ahorro energético. Sigue los vínculos e infórmate sobre, por ejemplo, Sliver, la nueva tecnología fotovoltaica. El Home Energy Project (Proyecto Energético del Hogar) puede encargarse *online* y es una fuente de trabajo excelente para colegios y hogares. www.originenergy.com.au.

*Sustainable Energy:* sobre cómo ahorrar energía o utilizar energías renovables en tu hogar. El vínculo hacia las escuelas ofrece también un buen resumen de los temas, diagramas y vínculos adicionales. www.sustainable-energy.vic.gov.au.

*Planet Slayer:* esta página tiene una calculadora de gases invernadero. Una de las primeras páginas web irreverentes sobre temas medioambientales. www.abc.net.au/science/planetslayer.

*Greenhouse gases:* claves para entender tu factura de la electricidad. Herramientas para ayudarte a usar menos electricidad, ahorrar dinero y reducir los gases invernadero en tu entorno. www.greenhousegases.gov.au.

*Your Home:* una guía completa sobre cómo construir, comprar o renovar una casa cómoda y eficiente desde el punto de vista energético. www.greenhouse.gov.au/yourhome.

*Energy Rating:* explica el programa de puntuación energética que se aplica a los aparatos eléctricos e incluye una base de datos de aparatos eléctricos y de su puntuación energética. www.energyrating.gov.au.

*Archicentre:* ofrece servicios de arquitectura a los compradores de inmuebles, constructores de vivienda nueva o reformas. www.archicentre.com.au

## TU COCHE

*Smog City:* un simulador interactivo de contaminación del aire, que muestra cómo contribuyen a ésta las decisiones de los seres humanos, los factores medioambientales y el uso de la tierra. Elige tu tiempo meteorológico, el nivel de población y el número de cuatro por cuatro que pones en la carretera y verás cómo afecta todo esto a la niebla tóxica de tu ciudad virtual. www.smogcity.com.

*Fuel Economy:* de la Agencia de Protección Medioambiental (Environmental Protection Agency) estadounidense. Comprueba cómo funcionan los coches híbridos, investiga sobre vehículos de combustibles alternativos y tecnologías eficientes desde un punto de vista energético, sobre vehículos que combinan etanol y gasolina o sobre el funcionamiento de las pilas de hidrógeno. En el apartado Encuentra y Compara Coches, puedes ver una gráfica de cómo afecta tu coche al cambio climático. www.fueleconomy.gov.

## TU COMUNIDAD

*Sustainable Living Foundation:* organización sin ánimo de lucro comunitaria dedicada a promover una forma de vida sostenible. www.slf.org.au.

*TravelSmart:* el objetivo de esta página es reducir nuestra dependencia de los coches y ofrecer alternativas de viaje sostenibles. www.travelsmart.vic.gov.au.

*Earthdaynetwork:* una fantástica página para esta campaña: vínculos hacia eventos relacionados con el cambio climático que tienen lugar en todo el mundo, así como Acciones para Combatir el Cambio Climático. www.earthday.net.

*EcoBuy:* un programa que apoya a gobiernos locales y negocios en la compra de productos respetuosos con el medio ambiente. www.mav.asn.au/ecobuy.

*Climate Friendly:* averigua cómo convertir tu hogar, tu escuela o tu oficina en un lugar respetuoso con el clima, eficiente desde un punto de vista energético y sostenible. Puedes comprar regalos «neutros con el clima» para tus amigos. www.climatefriendly.com.

## ESTUDIANTES Y PROFESORES

*National Geographic:* vínculos hacia artículos y fotos relevantes sobre el cambio climático. http://magma. natio nalgeographic.com. En la página web de la revista *National Geographic Adventure* hay fotos del monte Kilimanjaro de Tanzania desintegrándose. Además, hay un test.

*World View of Global Warming:* fotos y vínculos de distintas culturas del mundo y hábitats afectados por el calentamiento global. Fíjate en las fotos de la ciudad de Alaska Shishmaref a medida que se erosionan sus cos-

tas y desaparecen sus casas en el mar. www.worldview
ofglobalwarming.org.

*The British Antarctic Survey:* recortes de prensa y
noticias acerca de aumentos de temperatura y cambios en
la criosfera. www.antarctica.ac.uk.

*CH4:* una página web británica que relaciona universidades, escuelas, autoridades locales y ONG con el público. Incluye una encuesta *online*. www.ch4.org.uk.

*Hot Rock Energy:* diagramas y explicaciones sobre la
fuente de energía de las rocas candentes, así como vínculos
hacia proyectos internacionales que se desarrollan en la
actualidad. http://hotrock.anu.edu.au.

*NASA:* páginas estupendas para niños, estudiantes y
adultos, información sobre capas de hielo que se funden
y huracanes. www.nasa.gov.

*Greenhouse Australia:* claves para ahorrar energía y programas para comunidades escolares, así como una libre-
ría de fotos *online* e imágenes por satélite de los paisajes
y los cambios en la vegetación de Australia. www.green
house.gov.au.

*Climate Action Network:* ofrece información actualizada sobre el Protocolo de Kyoto, la captura y secuestro
de carbono, nuevas tecnologías y políticas actuales.
www.cana.net.au.

*EnviroSmart:* tomando como ejemplo la industria mi-
nera, esta página guía a estudiantes y profesores a través
de una serie de informes escolares sobre «Desechos, agua,
tierra, aire y energía» para que formen una Escuela Inte-
ligente con el Medio Ambiente. www.minerals.org.au.

*I Buy Different:* anima a los jóvenes a marcar la diferencia con lo que eligen comprar. Vínculos hacia inventos de estudiantes. www.ibuydifferent.org.

*Nova Science in the News:* la página web de la Academia de Ciencias tiene vínculos hacia distintos temas científicos entre los que se incluyen el calentamiento global,
las catástrofes climáticas y la circulación del carbón.
www.science.org.au/nova.

*Planet Ark:* incluye un archivo de fotos. Entérate de sus campañas para ayudar a la gente a reducir el daño que causan al medio ambiente. www.planetark.com.au.

*Re-energy:* información y gráficos acerca de las energías renovables y otras tecnologías limpias. Puedes incluso construir tu propio modelo de fuentes de energía renovable. www.re-energy.ca.

*Millennium Kids:* gente joven animando a los demás a ser activos en favor del medio ambiente. www.millennium kids.com.au.

*Environment Protection Authority (EPA):* ofrece información acerca de los gases invernadero a los estudiantes. Sigue los vínculos hacia la Calculadora de Gases Invernadero y la Huella Ecológica. www.epa.vic.gov.au/greenhouse.

*Koshland Science Museum:* datos sobre el calentamiento global y nuestro futuro; incluye una exposición *online*, gráficos interactivos que muestran situaciones pasadas y proyecciones futuras del clima, y guías sobre el efecto invernadero, el ciclo del carbono y la historia de nuestro clima. www.koshland-science-museum.org.

*BBC Weather Centre, Climate Change:* una guía exhaustiva sobre el cambio climático, que incluye entrevistas grabadas con personajes clave. www.bbc.com.uk/climate.

*International Climate Bank and Exchange: Carbon for Kids:* incluye un diagrama muy útil que hace hincapié sobre la escala de las emisiones de dióxido de carbono en Estados Unidos. www.icbe.com/carbonforkids.

*Ollie's World:* una fuente de fácil acceso para los niños con información relativa a los principios de sostenibilidad. www.olliesworld.com.

*WWF Australia:* una fundación independiente que promueve la educación medioambiental y pretende crear conciencia respecto a temas como el cambio climático. www.wwf.org.au. *WWF international:* www.panda.org.

*NOVA Online - Warnings from the Ice:* descubre cómo el hielo de la Antártida ha preservado el pasado —desde Chernóbil a la Pequeña Edad de Hielo— y comprueba cuánto se retraerían las costas actuales del mundo en caso de que todo este hielo se derritiese. www.pbs.org/wgbh/nova/warnings.

*Globe:* escuelas que miden aspectos de su entorno e informan de sus resultados en la red. Algunos científicos utilizan datos de Globe en sus investigaciones y contrastan sus conclusiones con los estudiantes. www.globe.org.uk.

*Climate Change Education:* una página web dedicada al cambio climático, vínculos a organizaciones científicas del mundo entero, un mapa de los «puntos calientes» del planeta, vínculos a manuales científicos, a programas de televisión del Public Broadcasting Service (PBS) y a la Oficina de Investigación del Cambio Climático de Estados Unidos. www.climatechangeeducation.org.

*United Nations:* entra en «CyberSchoolBus», luego en «Briefing Papers». Elige «Climate Change» para obtener información actualizada. www.un.org/english.

*Commonwealth Scientific and Industrial Research Organisation:* escoge la opción de «Energy» para encontrar información útil. www.csiro.au.

*Golden Frog:* una serie de fotos fantásticas de esta extraordinaria criatura. www.arkive.org/species/GES/amphibians/mantella aurantiaca.

*Antarctic Iceshelves. Larsen B Collapses:* imágenes de satélite y una animación que reproduce esta catástrofe. http://nsidc.org/iceshelves.

*Coral Bleaching:* patrocinada por la Academia Australiana de la Ciencia, esta página proporciona una buena explicación de este fenómeno, enfocándose en particular en la Gran Barrera de Arrecifes. www.science.org.au.

*The Hadley Center:* información actualizada sobre el tiempo meteorológico, el cambio climático y el calentamiento global; predicciones del tiempo y del ciclo del carbono. Gráficos y diagramas ilustran las tendencias. www.meto.gov.uk.

## EMPRESAS Y AGRICULTURA

*Australasian Emissions Trading Forum:* información sobre la política comercial de las emisiones de $CO_2$ y la evolución de este mercado. www.aetf.net.au.

*Energy Star:* estándar internacional para calificar la eficiencia, desde el punto de vista energético, de los equipos de oficina como computadoras, impresoras o fotocopiadoras, así como de los equipos electrónicos caseros como televisiones, aparatos de vídeo, cadenas de música o reproductores de DVD.

*Business Sustainability Initiative:* página sobre la sostenibilidad de las empresas de Victoria que ofrece información y consejos relacionados con programas gubernamentales, subvenciones y ayudas actuales. www.business. vic.gov.au/sustainability.

*The Climate Group:* organización independiente, sin ánimo de lucro, cuyo objetivo es optimizar la posición de empresas y gobiernos en este ámbito. www.theclimategroup.org.

*Coal 21:* detalla las últimas tecnologías disponibles para reducir y eliminar las emisiones de gases invernadero provenientes del carbón. Información sobre el potencial de la «Tecnología Cero Emisiones». www.coal21.com.au.

*Cooperative Research Centre for Greenhouse Accounting:* ofrece lo último a nivel nacional en investigación relativa a las estimaciones de gases invernadero. www.greenhouse.crc.org.au.

*Greenhouse in Agriculture (GCCA):* este proyecto representa el núcleo del programa de Estimaciones de Gases Invernadero distintos del $CO_2$ —metano, óxido nitroso, etcétera—. www.greenhouse.unimelb.edu.au.

## GENERAL

*Greenpeace:* esta página web te impulsará a actuar y te proporcionará información sobre el cambio climático. www.greenpeace.org.

*Australian Greenhouse Office (AGO):* ofrece extensa información sobre la Estrategia Nacional para los Gases Invernadero, las emisiones de dichos gases y los programas existentes para reducirlas. www.greenhou se.gov.au.

*Sierra Club:* la organización popular más antigua de Estados Unidos para la defensa del medio ambiente. En su página se encuentran noticias recientes y comentarios sobre el medio ambiente. www.sierraclub.org.

*United Nations Framework Convention on Climate Change (UNFCC):* la página de Convención Marco de las Naciones Unidas sobre el Cambio Climático (CMNUCC) ofrece una fuente básica de noticias, datos, información y documentos sobre el Marco, así como temas relacionados como las emisiones de gases invernadero y el Protocolo de Kyoto. http://unfccc.int.

*The Sun Cube:* este cubo solar está basado en el *Sunball* (bola solar), mecanismo para captar la energía solar que ganó el premio New Inventors. Comprueba cómo se instala y cómo funciona, y ojea las fotos. www.greenand goldenergy.com.au.

*Solar Electric Power Association:* todo acerca de la energía solar, en particular la fotovoltaica, incluyendo un videoclip sobre energía solar. www.solarelectricpower.org.

*Australian Conservation Foundation (ACF):* una organización sin ánimo de lucro para la defensa del medio ambiente de gran relevancia a nivel nacional en Australia. www.acfonline.org.au.


PARA MÁS INFORMACIÓN SOBRE ENERGÍAS RENOVABLES

Instituto para la Diversificación y Ahorro de la Energía (IDAE), España: www.idae.es.

Oficina Española de Cambio Climático (OECC), España: www.mma.es/oecc/

Comisión Nacional para el Ahorro de la Energía (CONAE), México: www.conae.gob.mx

Unidad de Planeación Minero Energética: (UPME), Colombia: www.upme.gov.co

Centro de Conservación de Energía y del Ambiente (CENERGIA), Perú: www.cenergia.org.pe

# Agradecimientos

Gracias a Penny Hueston, quien dio forma a este libro, a Alex Szalay por su valiosísima aportación, y a Terry Glavin por dirigir mi atención hacia la crisis que experimenta la biodiversidad de la Columbia Británica.

ILUSTRACIONES

Quiero dejar constancia de mi agradecimiento a las siguientes personas y entidades por su permiso para reproducir las ilustraciones:

*Fotos en color*
1. El sapo dorado: copyright de Michael y Patricia Fogden (www.fogdenphotos.com).
2. Coral decolorado: cortesía de Ray Berkelmans, Centro Cooperativo de Investigación del Arrecife (CRC Reef: www.reef.crc.org.au).
3. Karoo: cortesía de la Oficina de Turismo de Sudáfrica.
4. El mundo de noche: copyright de la NASA.
5. Tendencias de las precipitaciones en Australia entre 1950 y 2003: copyright del Commonwealth de Australia, reproducida con su autorización.
6. El casquete polar: foto de la NASA, copyright del Natural Resources Defense Council (Consejo para la Defensa de los Recursos Naturales).
7. Hundimiento de Larsen B: copyright del British Antarctic Survey.

*Blanco y negro*

Todos los gráficos han sido realizados por Tony Fankhauser: el de la p. 126, a partir de información proporcionada por la Water Corporation, Australia occidental; el de la p. 159 a partir de datos del IPCC (Intergovernmental Panel on Climate Change); y el de las pp. 194 y 209, basándose en información facilitada por la Met Office, el centro meteorológico británico.

p. 18, montes Star, Nueva Guinea; p. 22, *matanim cuscus*; p. 168, *dingiso:* todas ellas copyright de Tim Flannery.

p. 93, Tim con una rata lanuda gigante: copyright de Gary Steer.

p. 99, pingüinos emperador: copyright de Sharon Chester.

p. 109, *Gobiodon* Especie C: copyright de Glenn Barrall.

p. 116, la rana incubadora gástrica: copyright de Michael J. Tyler.

p. 135, huracán Katrina: copyright de la NOAA (National Oceanic and Atmospheric Administration).

p. 152, comparación entre un modelo de predicción del clima y el tiempo meteorológico real: copyright de la Met Office del Reino Unido.

p. 171, canguro arborícola de Lumholtz: copyright de Karen Coombs.

p. 239, plantas eólicas en Queensland, Australia: copyright de Stanwell Corporation Ltd.

# Índice alfabético

# Cómo puedes ayudar a luchar contra el calentamiento global

:) Pásate a la energía verde.

:) Instala paneles solares.

:) Instala un sistema de agua caliente y electrodomésticos eficientes desde un punto de vista energético.

:) Utiliza una alcachofa de ducha Triple-A y date duchas más cortas.

:) Utiliza bombillas de bajo consumo y apaga los aparatos eléctricos cuando no los estés usando.

:) Comprueba el consumo de gasolina de tu próximo coche (puedes reducir en un 70 por ciento tus emisiones de transporte) y manda revisar tu coche con regularidad.

:) Desplázate a pie, en bici o en transporte público.

:) Aísla tu casa y ahorra en los costos de calefacción y aire acondicionado.

:) Escribe a un político acerca del cambio climático y cambia el mundo.

Este libro se terminó de imprimir en enero de 2008, en Mhegacrox, Sur 113-9, núm. 2149, col. Juventino Rosas, 08700, México, D.F.